다이어터를 위한 고단백 저지방 레시피

매일 새로운 닭가슴살 요리

Prologue

닭가슴살로 맛있게 다이어트하세요

건강과 다이어트에 대한 관심이 커지면서 닭가슴살을 찾는 사람들이 부쩍 많아졌어요. 지방은 적고 단백질은 풍부한 대표적인 건강 식품이기 때문이죠. 필수 영양소가 많고 칼로리가 적을 뿐 아니라 다이어트로 올 수 있는 탈모와 근육량 감소를 예방하고 포만감이 오래 가 다이어트 식단에서 닭가슴살은 빠지지 않아요. 게다가 쇠고기나 돼지고기보다 값이 싸고 맛이 담백해 온 가족이 즐기기도 좋아요.

하지만 아무리 맛있고 몸에 좋은 음식이라도 자주 먹으면 싫증나게 마련이죠. 닭가슴살은 맛과 냄새가 강하지 않아 다른 재료와 잘 어우러져요. 재료를 바꿔가며 다양하게 요리하면 맛과 영양을 챙길 수 있어요. 굽거나 조리거나 찌는 등 조리법에 변화를 주고 여러 가지 소스와 드레싱으로 맛을 더하면 매일 먹어도 맛있어요.

샐러드, 구이, 한 그릇 요리, 도시락 등 간단하고 맛있는 닭가슴살 요리를 이 책에 담았습니다. 우리 입맛에 잘 맞고 만들기 쉬운 메뉴들만 모아 누구나 금세 만들어 즐길 수 있어요. 날씬한 몸매를 가꾸는 다이어트식으로, 건강식으로, 간단한 아침식사로, 후다닥 준비하는 도시락으로…. 이 책과 함께 건강하고 맛있는 다이어트 시작해보세요.

Contents

Part 1

샐러드

Part 2

구이·찜

Part 3

한 끼 요리

Part 4

도시락

닭가슴살의 특별한 영양

닭가슴살은 다이어트 식품으로 유명하지만 대표적인 건강식품이기도 해요. 필수아미노산이 풍부해 기력회복을 돕고 지방이 거의 들어있지 않아 소화도 잘돼요. 가볍고, 맛있고, 건강한 닭가슴살. 그 특별한 영양에 대해 알아보세요.

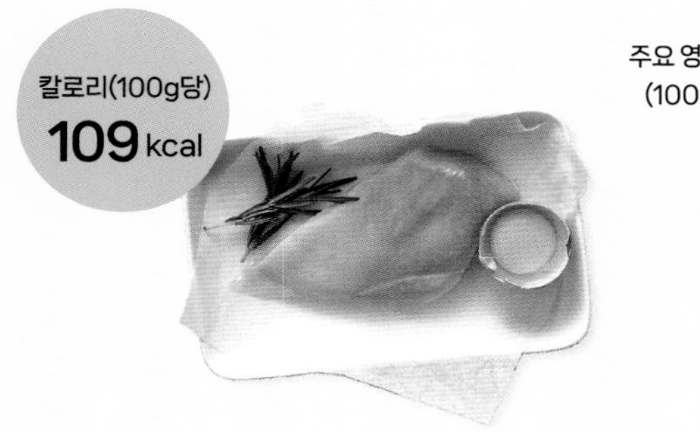

칼로리(100g당)
109 kcal

주요 영양소 (100g당)

- 단백질 23.1g
- 지방 0.97g
- 당질 0g
- 나트륨 45mg
- 칼륨 255mg
- 니아신 11.2mg
- 비타민B_2 0.19mg

양질의 단백질

닭가슴살에는 필수아미노산 등 양질의 단백질이 풍부하다. 단백질 함량으로 보면 같은 양의 쇠고기나 돼지고기보다 30~50% 정도 더 많다. 필수아미노산은 몸에 흡수돼 간장의 기능을 좋게 해 간질환을 예방하고, 운동하고 나서 섭취하면 근육 손실을 예방하는 데 도움이 된다. 또한 두뇌 성장과 세포 조직 생성을 도와 성장기 어린이들에게도 좋은 식품이다.

단 1%의 지방

닭가슴살 100g에는 약 1g의 지방이 포함돼 있으며, 이 중 70%는 몸에 좋은 불포화지방산이다. 해로운 지방은 0.3g 정도에 불과해, 체중 감량이나 성인병으로 지방 섭취를 조절하는 사람도 안심하고 먹을 수 있다

미량 영양소 함유

닭가슴살에는 니아신과 비타민B, 칼륨 등 미량 영양소도 풍부하다. 니아신은 신경전달 물질의 생성에 필요하며, 100g으로 하루 권장량 75%를 섭취할 수 있다. 또한 비타민B가 피로해소를 돕고 칼륨이 나트륨과 노폐물 배출 작용을 한다.

닭가슴살, 최고의 다이어트 식품

다이어트할 때 가장 많이 하는 실수는 무작정 굶거나 적게 먹는 거죠. 닭가슴살 다이어트는 그럴 필요 없어요. 칼로리가 낮고 포만감은 오래 가니까요. 다른 다이어트와 비교해보면 닭가슴살 다이어트의 진가를 알 수 있어요.

초저칼로리 다이어트

하루 800kcal만 섭취하는 제한적 식이요법이다. 권장량인 남성 2,700kcal, 여성 2,000kcal보다 훨씬 적게 섭취해 체중을 빠르게 감량할 수 있다. 하지만 중단하고 나서 다시 체중이 느는 경우가 많다.

원 푸드 다이어트

다이어트 기간 내 특정 식품만 먹는 식단관리 방법으로 과일, 채소, 곡류, 단백질 제품 중 한 가지를 골라 섭취한다. 장기적으로 시행할 경우 근육이 손실되거나 영양실조와 전해질 불균형 등의 건강상 문제을 유발할 수 있다.

고지방 다이어트

지방 섭취를 늘리고 탄수화물의 섭취를 줄이는 방법으로 키토제닉 다이어트라고도 불린다. 지방을 에너지원으로 사용하기 때문에 고지방 식품을 자유롭게 먹는다. 포만감은 높지만 심혈관계 질환의 발생 위험을 높인다.

저탄수화물 고단백 다이어트 → 닭가슴살 다이어트

곡물이나 과일 등 혈당지수를 높이는 식품을 제한하고 단백질 섭취를 늘린다. 닭가슴살 다이어트가 대표적이다. 다만 고단백 식품으로만 식단을 구성할 경우 간과 신장에 무리가 갈 수 있어 신선한 채소를 함께 섭취해 식단의 균형을 맞추고 부족한 영양소를 채워주는 것이 좋다.

닭가슴살 손질부터 보관까지

저렴한 가격에 쉽게 구할 수 있는 닭가슴살은 샐러드, 무침, 튀김 등 모든 요리에 잘 어울리는 팔방미인이에요. 요리를 시작하기 전 닭가슴살 손질과 보관 팁을 익혀두세요.

① 닭가슴살 손질하기

닭가슴살은 살이 두텁고 옅은 핑크색이 도는 것을 고른다. 껍질은 지방로 이루어져 있어 제거하는 것이좋다. 껍질을 제거할 때는 살에 칼집을 넣고 껍질을 잡아당기면 쉽게 분리된다. 껍질과 살코기 사이에 끼어있는 지방도 꼼꼼하게 떼어낸다.

② 밑간하기

닭가슴살을 우유에 30분 이상 담가두면 우유의 단백질 성분이 잡내를 제거하고 육질을 부드럽게 한다. 팬에 구울 때는 로즈메리 등 허브를 뿌려 재워두거나 레몬을 문지르는 방법을 사용한다.

③ 향신채 넣어 조리하기

고추, 마늘, 생강, 허브 등 향신채를 넣어 조리한다. 향신채로 맛과 향을 더했기 때문에 간을 약하게 해도 맛있는 닭가슴살 요리를 만들 수 있다. 식초나 레몬즙으로 새콤하게 양념해도 소금을 덜 사용할 수 있다.

④ 적당히 익히기

닭가슴살은 지방이 없는 부위여서 조리 시간이 중요하다. 팬에서 익힐 때는 고기를 눌러보아 탄력이 느껴지면 불에서 내리고, 삶아서 조리할 때는 15분 내외로 익힌다. 너무 오래 익히면 육즙이 빠져나가 맛과 식감이 떨어진다.

한 번 먹을 만큼 나눠 냉동 보관하기

잡내를 제거한 닭가슴살은 한 번 먹을 분량으로 나눠 지퍼백이나 밀폐용기에 넣은 뒤 냉동 보관한다. 냉동 닭가슴살을 해동 없이 조리할 경우 속까지 골고루 익지 않거나, 조리 시간이 길어져 퍽퍽해질 수 있으니 해동한 뒤 사용하는 것이 좋다.

부드럽고 촉촉한 닭가슴살 기본 조리법

닭가슴살을 퍽퍽하고 맛없는 부위라고 생각했다면 이 조리법을 꼭 알아두세요. 닭가슴살의 잡내는 없애고 속은 부드럽고 촉촉하게 익힐 수 있어요. 기본 조리 방법을 알아두면 맛있는 닭가슴살 요리, 어렵지 않아요.

| 재료 |

닭가슴살 100g

닭가슴살 삶는 물
양파 1/4개
대파 1대
마늘 2쪽
생강 20g
월계수잎 1장
통후추 1작은술
물 3컵

1

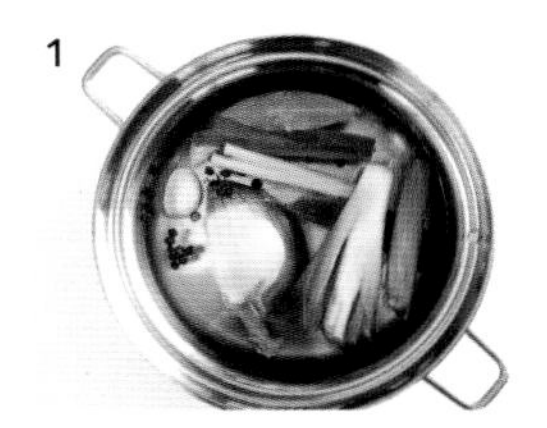

2

1 향신재료 끓이기 냄비에 물을 붓고 양파, 대파, 마늘, 생강, 월계수잎, 통후추를 넣어 약한 불에서 15분 정도 끓인다.

2 닭가슴살 삶기 물이 끓으면 닭가슴살을 넣어 삶는다.

굽기

| 재료 |

닭가슴살 100g

닭가슴살 밑간
화이트와인 1큰술
레몬즙 1큰술
바질가루 조금
소금·후춧가루 조금씩

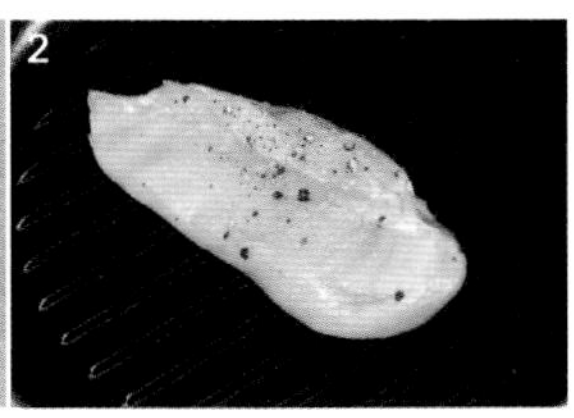

1 양념에 재기 닭가슴살을 양념에 30분 이상 잰다.

2 닭가슴살 익히기 양념에 잰 닭가슴살을 팬이나 오븐에 굽는다.

잡내를 없애는 향신재료

닭가슴살의 잡내를 없애는 데는 마늘, 양파, 생강, 후추, 로즈메리 같은 허브류가 효과적입니다.
이러한 향신재료는 풍미를 더해 닭가슴살을 더욱 맛있게 즐길 수 있도록 도와줍니다.

마늘

매운맛을 내는 알리신 성분이 잡내를 없애고 항균·항바이러스·항암 작용을 한다. 기름 두른 팬에 마늘을 넣고 향을 낸 뒤 닭가슴살을 굽거나 양념에 다져 넣으면 닭가슴살의 냄새를 없앨 수 있다.

양파

비타민B와 C가 풍부하고 당질이 많아 달착지근하면서도 시원한 맛이 난다. 닭가슴살을 양파즙에 넣어 20분 정도 잰 다음 조리하면 냄새가 줄고 살이 연해진다.

생강

잡내를 없애는 데 가장 효과적인 향신재다. 독특한 향을 내는 정유성분이 닭가슴살의 냄새를 없애고 살균작용을 한다. 닭가슴살 100g에 생강 20g을 함께 넣어 삶거나 즙을 내서 양념에 넣는다.

후추

매콤한 향이 닭가슴살의 잡내를 없애고 입맛을 돋운다. 오일 드레싱에 섞으면 기름이 산화하는 것을 막아준다.

허브류

각종 육류나 해산물을 요리 할 때 넣으면 잡내를 없애고 풍미를 깊게 만든다. 닭가슴살과 잘 어울리는 로즈메리, 바질, 파슬리 등을 묻혀 숙성시킨 뒤 굽거나 찌면 잡내가 사라진다.

영양을 더하는 채소

닭가슴살에 단호박, 피망, 시금치, 양배추, 대파 등을 곁들이면 영양소가 더욱 풍부해집니다. 비타민, 식이섬유는 물론 다양한 항산화 성분까지 더해져 건강한 식단에 잘 어울립니다.

단호박

탄수화물과 식이섬유, 온갖 비타민이 골고루 들어있다. 체내의 신경 물질을 강화해 스트레스로 인한 불면증을 치료하는 효능이 뛰어나고, 풍부한 필수 아미노산이 두뇌발달을 돕는다.

피망 · 파프리카

비타민A와 C가 풍부하다. 특히 비타민A가 풍부해 체내 면역력과 저항력을 높인다. 아토피성 피부염 등의 피부질환 예방과 피부 보호에 좋고 스트레스 해소 효과도 뛰어나다.

시금치

비타민A가 가장 많이 들어있는 녹황색 채소로 비타민B과 C등도 풍부하다. 비타민뿐만 아니라 엽산, 철분 등 조혈작용을 돕는 영양소도 많이 들어있어 빈혈 예방에도 좋다. 시금치의 식이섬유인 펙틴은 장 기능을 원할하게 한다.

양배추

큰 잎 한 장에 비타민C 하루 권장량 20% 정도가 들어있을 정도로 비타민C가 풍부하다. 양배추 속 부분으로 갈 수록 비타민U도 많이 들어있는데 이 성분은 위 점막 내 출혈이나 염증 등 위장관 내 세포 재생에 탁월한 효과를 보인다.

양상추

샐러드로 가장 많이 사용되며 비타민A와 C를 비롯해 칼슘과 철분 등 미네랄이 풍부해 닭가슴살과 궁합이 좋다. 특히 양상추에 들어있는 알칼로이드는 신경 안정 작용을 하는 성분으로 불면증에 효과적이다.

대파

비타민, 칼슘, 철분 등이 풍부한 대파는 감기 증상을 호전시키고 몸을 따뜻하게 해 위의 기능을 좋게 한다. 소화를 돕기 때문에 고기요리에 곁들이면 좋다. 대파 뿌리에는유화 알릴이라는 성분이 있어 신경을 안정시키는 효과가 뛰어나다.

닭가슴살과 잘 어울리는 소스 & 드레싱

닭가슴살은 매콤하고 달콤한 맛과 잘 어울려요. 머스터드 소스, 칠리 소스, 테리야키 소스 등 닭가슴살에 맛을 더해주는 양념을 곁들이면 매일매일 맛있는 닭가슴살 요리가 완성돼요.

머스터드 소스

겨자 열매나 씨앗을 물이나 식초에 개어 만든다. 홀그레인, 디종, 허니 머스터드 등 종류가 다양한데 모두 겨자씨의 매콤함과 톡 쏘는 맛을 가지고 있어 닭고기와 잘 어울린다. 조리된 닭가슴살에 곁들여 먹거나 샐러드 드레싱으로 사용하면 좋다.

칠리 소스

서양요리에 두루 쓰이는 매운 소스로 멕시코 고추인 칠리로 만든다. 잘 익은 칠리에 파슬리가루, 오레가노, 라임즙, 레몬주스 등을 넣어 매콤하면서도 새콤한 맛이 특징이다. 닭가슴살을 칠리 소스로 양념해 굽거나, 삶은 닭가슴살을 찍어 먹으면 좋다.

테리야키 소스

간장으로 만든 달착지근한 일본식 소스로 육질을 부드럽게 만들고 향을 좋게 한다. 닭가슴살을 구울 때 덧바르면서 구우면 맛이 잘 배고 윤기가 흐른다.

카레

강황, 커민, 정향, 육두구 등 향신료를 섞어 만드는 카레는 고기와 해물, 채소 요리 등에 두루 사용하는 양념이다. 카레의 강렬한 향이 닭고기 특유의 잡내를 가려주고 담백한 닭가슴살에 맛을 더한다.

고추장

삭힌 엿기름물에 메줏가루와 소금, 고춧가루를 섞어 만든다. 고추장은 향이 진해 밑간을 적게 해도 된다. 닭가슴살에 고추장 양념을 발라가며 구워도 좋고, 양념에 재어 찌거나 오븐에 구워도 맛있다.

허니 머스터드 드레싱

새콤달콤하고 겨자의 톡 쏘는 맛이 매력적인 드레싱. 닭가슴살뿐만 아니라 훈제오리에도 잘 어울린다. 머스터드와 마요네즈, 꿀의 비율은 기호에 따라 조절한다.

재료 머스터드·꿀 1큰술씩, 마요네즈 2큰술, 식초·간장 1큰술씩, 양파 1/4개, 레몬즙 1작은술

만들기 ① 양파를 잘게 다진다. ② 머스터드 소스 재료를 모두 넣고 골고루 섞는다.

살사 드레싱

입맛을 돋우는 매콤한 살사 소스가 들어간 멕시코식 샐러드 드레싱. 매운 맛은 핫소스로 조절하고 양파와 할라피뇨, 사워크림을 더하면 맛이 더 좋아진다.

재료 토마토케첩 3큰술, 할라피뇨 1개, 양파 1/8개, 셀러리 4cm, 핫소스 1/2큰술, 월계수잎 1장, 소금·후춧가루 조금씩, 육수 3큰술, 사워크림 1큰술, 올리브오일 조금

만들기 ① 양파, 셀러리, 할라피뇨를 잘게 다진다. ② 올리브오일을 두른 팬에 양파를 볶다가 토마토 케첩과 육수를 붓고 월계수잎을 넣어 끓인다. ③ 걸쭉해지면 소금, 후춧가루로 간을 하고 기호에 따라 핫소스와 사워크림을 추가한다.

발사믹 드레싱

발사믹 식초와 올리브오일을 섞어서 만들며 이탈리안 드레싱이라고도 한다. 새콤한 맛으로 닭가슴살을 비롯한 모든 종류의 샐러드에 잘 어울린다.

재료 발사믹 식초·올리브오일 2큰술씩, 설탕·다진 마늘 1/2작은술씩, 소금·후춧가루 조금씩, 허브(딜, 바질, 민트, 파슬리 등) 조금

만들기 ① 허브를 제외한 모든 재료를 섞는다. ② 거품기로 젓거나 병에 넣고 흔들어 골고루 섞는다. ③ 딜, 바질, 민트, 파슬리 중 한 가지를 다져서 넣는다.

홈메이드 냉동 닭가슴살 만들기

조리하기 쉽고 오래 보관할 수 있어 다이어트 할 때 자주 이용하는 반조리 닭가슴살. 마트나 온라인 쇼핑몰에서 쉽게 찾아볼 수 있지만 집에서도 직접 만들 수 있어요.

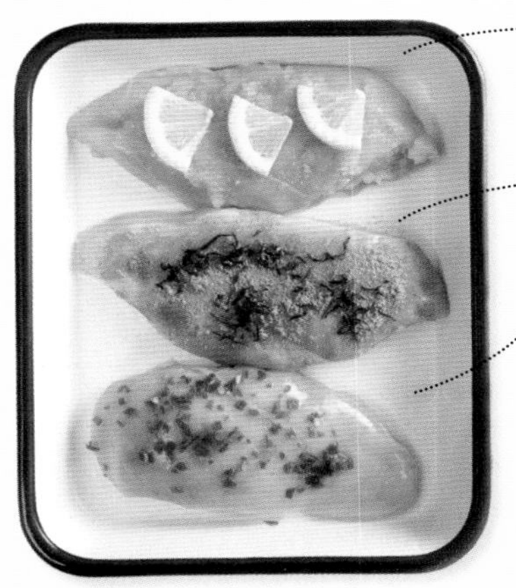

마늘레몬맛 닭가슴살

닭가슴살 100g, 다진 마늘 1/2큰술, 레몬 슬라이스 1쪽

녹차카레맛 닭가슴살

닭가슴살 100g, 녹차 잎 1/2작은술, 카레가루 1큰술

고추맛 닭가슴살

닭가슴살 100g, 다진 고추 1작은술

Tip

진공포장 기계가 없으면 랩으로 두세 번 감싼 뒤 비닐백에 담아 냉동실에 보관하세요. 냉동시킨 닭가슴살을 사용할 때는 한 시간 전에 미리 꺼내두는 것이 좋아요.

① 양념해 종이포일에 싸기

닭가슴살을 잘 펴서 각각의 양념 재료를 골고루 입힌 뒤 종이포일을 넉넉한 크기로 잘라 감싼다.

② 찜통에 찌기

종이포일로 감싼 닭가슴살을 김 오른 찜통에 넣어 약한 불에서 20분 정도 찐다.

③ 식혀서 진공포장하기

찐 닭가슴살이 식으면 종이포일을 벗기고 진공포장해 냉동실에 보관한다.

간편하게 즐기는 시판 반조리 닭가슴살

닭가슴살은 한번 손질해 냉동해두면 간편하지만 손질하기조차 귀찮을 때가 있죠. 그럴 때는 시중에 나와있는 반조리 닭가슴살을 이용해보세요.

기본형 닭가슴살

국내산 냉장 닭가슴살을 스팀으로 익힌 뒤 진공 포장해 만든다. 8시간 냉장 숙성으로 부드럽고 쫄깃한 식감이 특징이며 부드럽고 담백해 다양한 요리에 활용할 수 있다. 냉장 보관 제품으로 별도의 해동 과정 없어 바로 조리할 수 있어 편리하다. 스팀 후 구운 그릴드 닭가슴살은 간이 살짝 배어 있어 별다른 조리 없이 그냥 먹어도 좋다.

닭가슴살 소시지

닭가슴살에 여러 가지 양념을 더해 소시지 형태로 가공해 만든다. 데워서 바로 먹어도 좋고 핫도그, 소시지 볶음 등 요리로 활용해도 좋다. 일반 소시지와 달리 짜지 않고 담백하며 나트륨 섭취를 줄일 수 있다는 장점이 있다.

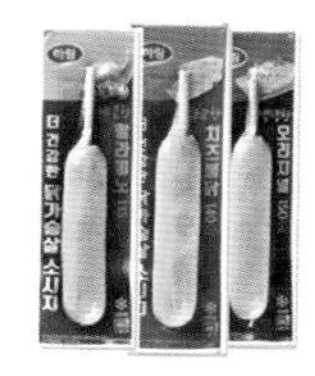

닭가슴살 통조림

닭가슴살을 익혀 찢거나 다진 다음 조미유나 조미액에 넣어 통조림을 만든다. 지방이 들어간 조미유보다는 조미액을 사용한 것을 고른다. 유통기한이 길어 보관이 쉽고 휴대가 간편하다.

큐브형·슬라이스형 닭가슴살

따로 자르지 않아도 돼 샐러드나 도시락 등에 간편하게 사용할 수 있다. 다양한 맛과 향이 가미되어있어 간식으로도 좋다. 제품마다 나트륨 양과 칼로리가 다르므로 다이어트 할 때는 성분표시를 확인한다.

Part 1

샐러드

가볍고 산뜻하게 즐길 수 있는 식사거리를 찾는다면 닭가슴살 샐러드를 준비해보세요. 담백한 닭가슴살에 여러 가지 채소와 과일, 치즈, 달걀, 곡물 등을 더하면 깔끔하면서 영양 균형 잡힌 한 끼 식사가 됩니다. 다양한 드레싱으로 변화를 주면 언제나 새로운 맛을 즐길 수 있어요.

닭가슴살 토마토두부 샐러드

1인분 **180** kcal

두부는 소화가 잘될 뿐만 아니라 콩의 영양이 그대로 살아있는 건강식품이에요. 두부와 토마토, 닭가슴살을 차례로 담고 오리엔탈 드레싱을 뿌려 카프레제처럼 즐겨보세요.

재료(2인분)

닭가슴살 100g
토마토 1개
두부 1/2모
어린잎채소 1줌

닭가슴살 삶는 물
양파 1/4개
대파 1대
마늘 2쪽
생강 20g
물 3컵

오리엔탈 드레싱
간장·홍초 2½큰술씩
고춧가루 1/2작은술
참기름 1/2큰술
통깨 조금

만드는 방법

1 냄비에 닭가슴살 삶는 물 재료를 넣고 15분 정도 끓인 뒤 닭가슴살을 넣어 삶는다.

2 삶은 닭가슴살을 얇게 저민다.

3 토마토와 두부를 0.7cm 두께로 썬다.

4 분량의 오리엔탈 드레싱 재료를 섞는다.

5 접시에 닭가슴살과 토마토, 두부, 어린잎채소를 담고 드레싱을 끼얹는다.

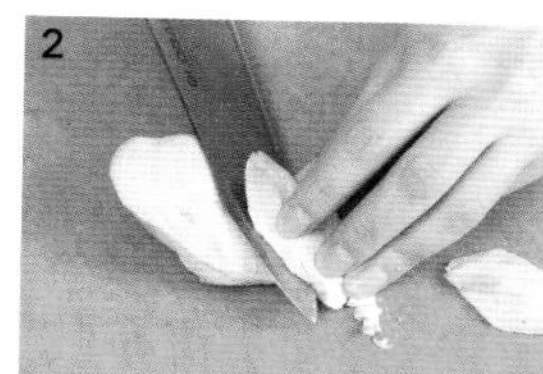

Tip 두부를 익히지 않고 생으로 요리할 때는 생식용 두부를 사용하면 좋아요. 부드럽고 탄력 있어 더 맛있어요.

닭가슴살 니수아즈 샐러드

1인분 225 kcal

프랑스 니스에서 유래한 니수아즈 샐러드는 오일 드레싱을 써서 맛이 깔끔해요. 통조림 참치 대신 통조림 닭가슴살을 넣어 만들었더니 칼로리는 줄고 맛은 한층 업그레이드됐어요.

재료(2인분)

닭가슴살 통조림 1캔(135g)
토마토 1/2개
감자 1개
삶은 달걀 1/2개

올리브 4개
양파 1/4개
미니 파프리카 2개
로메인 2장

오일 드레싱
올리브오일 2큰술
레몬즙 1½큰술
다진 바질 조금
소금·후춧가루 조금씩

만드는 방법

1 닭가슴살 통조림을 체에 밭쳐 물기를 쏙 뺀다.

2 감자는 껍질을 벗겨 찜통에 찐 뒤 포크로 먹기 좋게 적당히 자른다.

3 양파와 파프리카는 곱게 채 썰고, 토마토는 2cm 크기로 썬다. 올리브는 반으로 썬다.

4 분량의 오일 드레싱 재료를 섞는다.

5 준비한 재료를 드레싱으로 버무린 다음 로메인을 곁들여 담는다.

Tip 삶은 감자는 칼로 썰지 말고 포크로 숭덩숭덩 자르세요. 드레싱이 훨씬 잘 스며들어 맛있어요.

닭가슴살 오렌지당근 샐러드

1인분 143 kcal

오렌지와 당근을 곁들여 닭가슴살에 부족한 상큼한 맛과 비타민을 더한 상큼 발랄 샐러드.
드레싱을 끼얹어 오렌지의 달콤한 맛을 살리고 닭가슴살의 퍽퍽한 맛은 덜었어요.

재료(2인분)

닭가슴살 100g
오렌지 1개
당근 1/4개

닭가슴살 양념
화이트와인·레몬즙 1큰술씩
바질가루 조금
소금·후춧가루 조금씩

발사믹 드레싱
올리브오일 1큰술
발사믹식초 1/2큰술
소금·후춧가루 조금씩

만드는 방법

1 닭가슴살을 양념에 30분 정도 재어 찜통에 푹 찐다.

2 오렌지는 하얀 속껍질까지 깎아내고 과육만 발라낸다. 남은 껍질은 즙을 짠다.

3 당근은 곱게 채 썰어 끓는 물을 끼얹어 살짝 숨을 죽인 뒤 찬물에 헹궈 물기를 뺀다.

4 분량의 발사믹 드레싱 재료와 ②의 오렌지즙을 섞는다.

5 찐 닭가슴살을 얇게 저며 썰어 오렌지, 당근과 함께 접시에 담고 드레싱을 뿌린다.

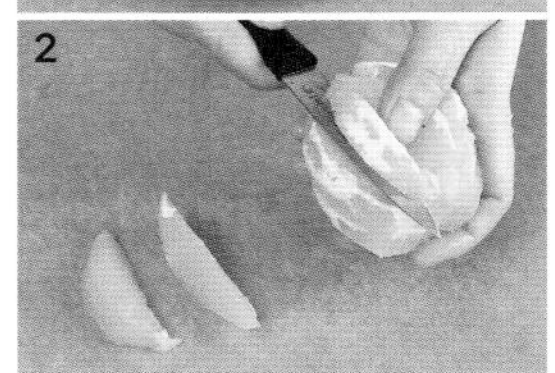

Tip 닭가슴살을 찔 때는 되도록 약한 불에서 오랫동안 쪄야 살이 부드러워요. 센 불에 급하게 익히면 살이 퍽퍽해지니 주의하세요.

닭가슴살 판자넬라 샐러드

1인분 160 kcal

판자넬라는 빵을 넣어 만든 이탈리아식 샐러드예요. 통밀식빵과 삶은 닭가슴살, 토마토를 주사위 모양으로 썰어 올리브오일로 버무려내면 고급 레스토랑 요리가 부럽지 않아요.

재료(2인분)

닭가슴살 100g
통밀식빵 1장
토마토 1개
양파 1/6개
바질(또는 파슬리) 4~5장

올리브오일 1큰술
레몬즙 1/2큰술
소금·후춧가루 조금씩

닭가슴살 삶는 물
양파 1/4개
대파 1대
마늘 2쪽
생강 20g
물 3컵

만드는 방법

1 통밀식빵을 실온에서 하루 정도 말리거나 오븐에 살짝 구워 사방 1.5cm의 주사위 모양으로 썬다.

2 냄비에 닭가슴살 삶는 물 재료를 넣고 15분 정도 끓인 뒤 닭가슴살을 넣어 삶는다.

3 삶은 닭가슴살을 사방 1cm의 주사위 모양으로 썬다.

4 토마토는 사방 1cm의 주사위 모양으로 썰고 양파와 바질은 다진다.

5 모든 재료를 한데 섞은 뒤 올리브오일과 레몬즙, 소금, 후춧가루를 뿌려 버무린다.

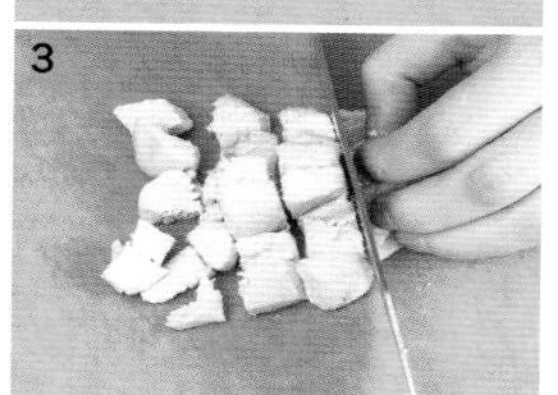

Tip 통밀식빵 대신 견과나 허브, 호밀이 들어간 빵을 준비해도 좋아요. 빵이 너무 질척해지지 않게 하려면 크기를 큼직하게 썰어 넣으세요.

닭가슴살 참나물 샐러드

1인분 **154** kcal

잎이 부드럽고 소화가 잘되며 식이섬유가 많아 변비에도 좋은 참나물을 듬뿍 넣은 샐러드.
향긋한 참나물과 상큼한 유자 드레싱이 닭가슴살의 맛을 한층 끌어올려줘요.

재료(2인분)

닭가슴살 100g
참나물 100g
대파 흰 대 1개
당근 1/5개

닭가슴살 삶는 물
양파 1/4개
대파 1대
마늘 2쪽
생강 20g
물 3컵

유자 드레싱
유자청 2/3큰술
포도씨오일 1큰술
레몬즙 1/2큰술
연겨자 1/2작은술
소금 조금
물 1큰술

만드는 방법

1 냄비에 닭가슴살 삶는 물 재료를 넣고 15분 정도 끓인 뒤 닭가슴살을 넣어 삶는다.

2 삶은 닭가슴살을 잘게 찢는다.

3 참나물은 4~5cm 길이로 썰고 대파와 당근은 곱게 채 썬다.

4 유자청을 칼로 곱게 다져 나머지 드레싱 재료와 섞는다.

5 삶은 닭가슴살과 준비한 채소를 섞어 담고 드레싱을 끼얹는다.

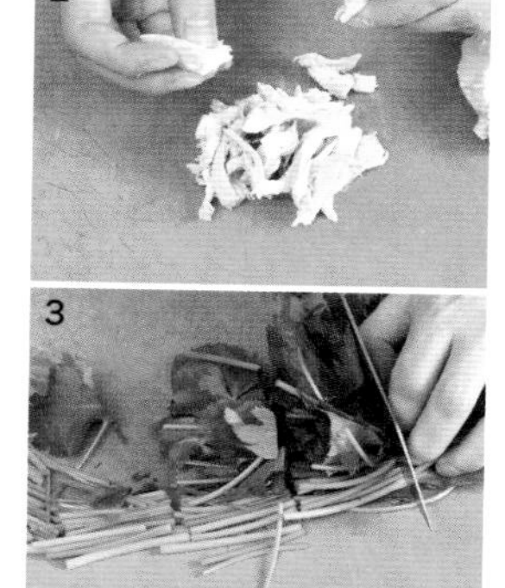

Tip 참나물 대신 돌미나리를 넣어도 맛있어요. 미나리 역시 참나물처럼 고유의 향이 좋아 닭가슴살과 잘 어울린답니다.

닭가슴살 나물 샐러드

1인분 **193** kcal

닭가슴살에 오이와 부추를 넣어 맛과 향을 더하고 달걀, 아몬드로 영양까지 보충한 건강 샐러드. 부추는 피를 맑게 해 혈액순환을 돕고, 오이는 피부미용에 아주 좋아요.

재료(2인분)

닭가슴살 100g
숙주·영양부추 30g씩
오이 1/2개
삶은 달걀 1/2개
구운 아몬드 1/2큰술

닭가슴살 삶는 물
양파 1/4개
대파 1대
마늘 2쪽
생강 20g
물 3컵

깨 드레싱
통깨 1큰술
간장 2큰술
식초 1/2큰술
올리고당 2/3큰술
고추씨기름·참기름 조금씩

만드는 방법

1 냄비에 닭가슴살 삶는 물 재료를 넣고 15분 정도 끓인 뒤 닭가슴살을 넣고 삶는다.

2 삶은 닭가슴살을 잘게 찢는다.

3 숙주를 끓는 물에 살짝 담그듯이 데친 다음 바로 찬물에 헹궈 물기를 뺀다.

4 영양부추는 3~4cm 길이로 썰고, 오이는 곱게 채 썬다. 삶은 달걀은 4등분하고 구운 아몬드는 굵게 다진다.

5 통깨를 분쇄기에 넣고 곱게 간 뒤 나머지 드레싱 재료를 넣고 다시 한번 간다.

6 닭가슴살과 준비한 채소, 달걀, 아몬드를 드레싱으로 버무려 접시에 담은 뒤 달걀을 올리고 아몬드를 뿌린다.

Tip 숙주는 너무 오래 데쳐서 숨이 죽으면 흐물흐물해져 맛이 없어요. 끓는 물에 잠깐 담갔다가 건지는 정도로만 익히세요.

닭가슴살 해초 샐러드

1인분 **150** kcal

모양도 질감도 다른 다양한 해초에 닭가슴살과 청포묵을 넣고 레몬칠리 소스, 양파 등으로 매콤 새콤한 맛을 낸 샐러드예요. 칼로리 걱정이 없어 다이어트식으로 그만이에요.

재료(2인분)

닭가슴살 100g
모둠 해초 150g
청포묵 1/5모
양파 1/4개
상추 2~3장

닭가슴살 삶는 물
양파 1/4개
대파 1대
마늘 2쪽
생강 20g
물 3컵

레몬칠리 드레싱
스위트 칠리 소스 2큰술
레몬즙 2큰술
간장·참기름 1/2큰술씩
다진 마늘 1/2작은술
소금 조금

만드는 방법

1 해초는 물을 여러 번 바꿔가며 담가두어 소금기를 뺀 뒤 먹기 좋게 썬다.

2 냄비에 닭가슴살 삶는 물 재료를 넣고 15분 정도 끓이다가 닭가슴살을 넣어 삶는다.

3 삶은 닭가슴살을 잘게 찢는다.

4 청포묵과 양파는 곱게 채 썬다. 상추는 2cm 길이로 썬다.

5 분량의 레몬칠리 드레싱 재료를 섞는다.

6 해초와 닭가슴살, 청포묵, 양파, 상추를 한데 담고 드레싱을 넣어 버무린다.

Tip 마트에 가면 미역과 다시마, 꼬시래기, 모자반, 톳 등의 다양한 해초를 한꺼번에 포장한 모둠 해초가 나와있어요. 없으면 염장된 해초 어느 것을 사용해도 괜찮아요.

닭가슴살 냉채

1인분 128 kcal

삶은 닭가슴살에 신선한 채소를 섞어 새콤하게 무친 닭가슴살 냉채는 저칼로리 고영양 건강 요리예요. 알싸한 겨자 소스가 담백한 닭가슴살과 잘 어울려요.

재료(2인분)

닭가슴살 100g
오이 1/3개
당근 1/5개
파프리카 1/2개
깻잎 3장
표고버섯 1개

닭가슴살 삶는 물
양파 1/4개
대파 1대
마늘 2쪽
생강 20g
물 3컵

겨자 소스
연겨자 1작은술
식초·파인애플주스 3큰술씩
설탕 1½큰술
소금 1/3작은술

만드는 방법

1 냄비에 닭가슴살 삶는 물 재료를 넣고 15분 정도 끓인 뒤 닭가슴살을 넣어 삶는다.

2 삶은 닭가슴살을 잘게 찢는다.

3 오이, 당근, 파프리카, 깻잎, 표고버섯을 곱게 채 썬다. 표고버섯은 팬에 볶아 식힌다.

4 분량의 겨자 소스 재료를 섞는다.

5 닭가슴살과 채소, 버섯을 접시에 담고 겨자 소스를 끼얹는다.

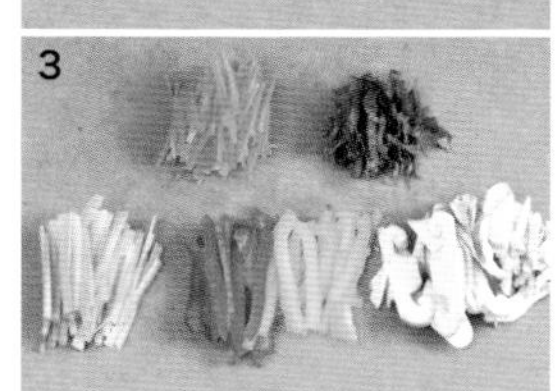

Tip 겨자 소스의 겨자 양은 취향에 맞게 조절할 수 있어요. 파인애플주스가 없으면 사과주스나 오렌지주스로 대신하세요.

닭가슴살 콩 샐러드

1인분 185 kcal

하얀색 닭가슴살과 연두색 완두콩, 보라색 강낭콩 등 알록달록한 재료를 모아 만든 웰빙 컬러푸드예요. 예쁜 모양은 물론 상큼하면서 달콤한 맛으로 입맛까지 사로잡아요.

재료(2인분)

닭가슴살 100g
콩 100g
(강낭콩·검은콩·완두콩)
통조림 옥수수 1큰술

닭가슴살 삶는 물
양파 1/4개
대파 1대
마늘 2쪽
생강 20g
물 3컵

오일 드레싱
올리브오일 2큰술
레몬즙 1큰술
꿀 1작은술
다진 파슬리 1큰술
소금·후춧가루 조금씩

만드는 방법

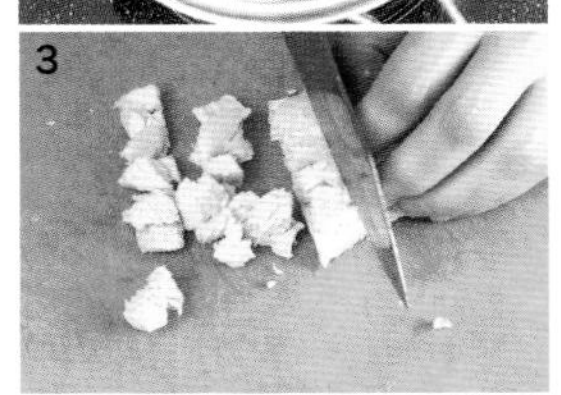

1 마른 강낭콩과 검은콩을 불린 다음 물을 넉넉히 붓고 각각 부드럽게 삶아 건진다. 완두콩은 불리지 않고 그냥 삶는다.

2 냄비에 닭가슴살 삶는 물 재료를 넣고 15분 정도 끓인 뒤 닭가슴살을 넣어 삶는다.

3 삶은 닭가슴살을 강낭콩 크기만 하게 썬다.

4 삶은 콩과 닭가슴살, 통조림 옥수수를 한데 담고 올리브오일, 레몬즙, 꿀, 소금, 후춧가루, 다진 파슬리를 넣어 버무린다.

Tip 마른 콩을 삶는 게 번거롭다면 통조림 콩을 사용해도 좋아요. 통조림 콩은 체에 받친 채 뜨거운 물을 끼얹어 물기를 뺀 다음 넣으세요.

닭가슴살 양파 샐러드

1인분 432 kcal

튀긴 닭가슴살에 매콤, 새콤한 소스를 뿌리고 양파, 무순을 곁들여 상큼함을 더했어요.
코스 요리의 전채로도 좋고, 아이들 간식으로 준비해도 좋아요.

재료 (2인분)

닭가슴살 200g
양파 1개
무순 조금
식용유 적당량

닭가슴살 밑간
생강즙 · 소금 · 후춧가루 조금씩

튀김가루
밀가루 4큰술
옥수수가루 1큰술
오향가루 1/2작은술

고추기름 소스
고추기름 · 간장 2큰술씩
설탕 · 식초 · 레몬즙 1큰술씩
다진 마늘 1큰술

만드는 방법

1 닭가슴살을 소금, 후춧가루, 생강즙으로 밑간해서 잠시 재둔다.

2 밀가루, 옥수수가루, 오향가루를 섞어 튀김가루를 만든 후 닭가슴살을 넣어 고루 묻힌다.

3 양파는 가늘게 채 썰어 찬물에 담그고, 무순은 밑동을 잘라 찬물에 담갔다가 물기를 뺀다.

4 소스 재료를 모두 섞는다.

5 180℃의 기름의 닭가슴살을 노릇하게 튀긴다.

6 접시에 튀긴 닭가슴살과 양파를 담고 무순을 올린 뒤 소스를 끼얹는다.

Tip 아이들 간식으로 준비할 때는 고추기름 소스 대신 머스터드 소스(p.67 참조)로 대신하면 매운맛이 덜해 아이들이 잘 먹어요.

닭가슴살 바게트 카나페

1인분 **217** kcal

슬라이스한 바게트를 살짝 구운 뒤 닭가슴살과 토마토 등을 잘게 다져 얹은 카나페. 애피타이저나 간단한 한 끼 식사로도 훌륭해요.

재료(2인분)

닭가슴살 통조림 1/2캔(70g)
호밀바게트 슬라이스 8쪽
방울토마토 4개
파프리카·양파 1/6개씩
오이피클 2~3개
올리브오일 1큰술
레몬즙 1큰술
다진 파슬리 조금
소금·후춧가루 조금씩

만드는 방법

1 닭가슴살 통조림을 체에 밭쳐 물기를 쏙 뺀다.

2 방울토마토는 반 가르고 파프리카와 양파, 오이피클은 잘게 썬다.

3 물기 뺀 닭가슴살에 ②의 채소와 오이피클, 올리브오일, 레몬즙, 소금, 후춧가루, 다진 파슬리를 섞어 샐러드를 만든다.

4 바게트 슬라이스를 오븐이나 팬에 살짝 굽는다.

5 구운 바게트 위에 ③의 샐러드를 얹는다.

Tip 양파를 익히지 않으면 매울 수 있어요. 아이들 간식으로 만들 때는 양파를 체에 밭쳐 물에 담갔다가 물기를 꼭 짜서 넣으세요.

닭가슴살 월남쌈

1인분 165 kcal

미지근한 물에 살짝 담갔다 건진 라이스페이퍼에 닭고기와 여러 채소를 넣고 돌돌 말아 먹는 월남쌈. 매콤한 칠리 소스에 콕 찍어 먹는 맛이 일품이라 자꾸 손이 가요.

재료(2인분)

닭가슴살 100g
아보카도 1/2개
붉은 파프리카 1/2개
부추 30g
라이스페이퍼 5장

닭가슴살 삶는 물
양파 1/4개
대파 1대
마늘 2쪽
생강 20g
물 3컵

칠리 소스
스위트 칠리 소스 1큰술
레몬즙 1/2큰술
다진 청양고추 1/2작은술
다진 마늘 1/2작은술
멸치액젓 조금

만드는 방법

1 냄비에 닭가슴살 삶는 물 재료를 넣고 15분 정도 끓인 뒤 닭가슴살을 넣어 삶는다.

2 삶은 닭가슴살을 잘게 찢는다.

3 아보카도는 껍질을 벗겨 3mm 두께로 길쭉하게 썬다.

4 부추는 6~7cm 길이로 썰고 파프리카는 채 썬다.

5 라이스페이퍼를 미지근한 물에 담가 부드럽게 만들어 도마에 펼치고 준비한 재료들을 조금씩 올려 돌돌 만다.

6 분량의 칠리 소스 재료를 섞어 월남쌈에 곁들여낸다.

Tip 월남쌈은 취향에 따라 다양한 채소를 사용해 만들면 돼요. 오이를 채 썰어 넣거나 숙주를 살짝 데쳐 넣어도 맛있어요.

Part 2

구이·찜

닭가슴살은 구이나 찜에 잘 어울려요. 다양한 재료로 양념해 팬이나 오븐에 구우면 레스토랑 요리 못지않아요. 담백한 찜은 다이어트나 칼로리를 제한해야 하는 사람에게 인기랍니다. 닭가슴살 요리의 제맛을 느끼고 싶다면 구이나 찜을 준비하세요. 맛과 멋을 함께 즐길 수 있어요.

허브 로스트치킨

1인분 222 kcal

다양한 허브가루로 닭고기 냄새를 없애고 향과 맛을 낸 로스트치킨이에요. 닭가슴살을 오븐에 구울 때 토마토와 양파를 같이 구워 맛을 더했어요.

재료(2인분)

닭가슴살 100g
토마토 2개
양파 1개
소금·후춧가루 조금씩
올리브오일 1/2큰술

닭가슴살 양념
화이트와인 1큰술
허브 시즈닝 2큰술

만드는 방법

1 닭가슴살에 화이트와인을 뿌리고 허브 시즈닝을 고루 입혀 하룻밤 정도 잰다.

2 오븐 팬에 재어둔 닭가슴살을 올리고 토마토와 양파를 통째로 종이포일로 싸서 같이 올려 170℃의 오븐에 30분 정도 굽는다.

3 구운 닭가슴살을 먹기 좋게 저며 썬다.

4 닭가슴살을 접시에 담고 토마토와 양파에 소금과 후춧가루, 올리브오일을 뿌려 곁들인다.

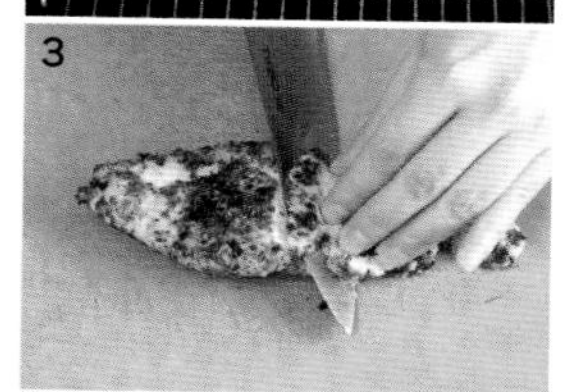

Tip 닭가슴살을 허브 시즈닝에 재어 그대로 냉동 보관해두었다가 필요할 때 먹기 좋은 크기로 썰어 팬에 구우면 간편하게 즐길 수 있어요.

블루베리 닭가슴살 스테이크

1인분 **320** kcal

블루베리에 크림치즈와 요구르트를 섞어 만든 블루베리요구르트 소스를 구운 닭가슴살에 곁들여 촉촉함을 살렸어요. 부족하기 쉬운 식이섬유는 채소를 곁들여 보충하세요.

재료(2인분)

닭가슴살 100g
감자 1개
당근 1/4개
올리브오일 1작은술

닭가슴살 밑간
화이트와인 조금
소금·후춧가루 조금씩

블루베리요구르트 소스
크림치즈 1큰술
플레인 요구르트 3큰술
블루베리 1/2큰술
레몬즙 1큰술
소금 조금

만드는 방법

1 닭가슴살을 소금과 후춧가루, 화이트와인으로 밑간한다.

2 밑간한 닭가슴살을 그릴에서 올리브오일을 발라가며 앞뒤로 노릇하게 굽는다.

3 감자와 당근을 한입 크기로 썰어 끓는 물에 소금을 조금 넣고 삶아 건진다.

4 블루베리를 다져서 나머지 소스 재료와 골고루 섞어 블루베리요구르트 소스를 만든다.

5 접시에 구운 닭가슴살과 삶은 감자, 당근을 담고 블루베리요구르트 소스를 끼얹는다.

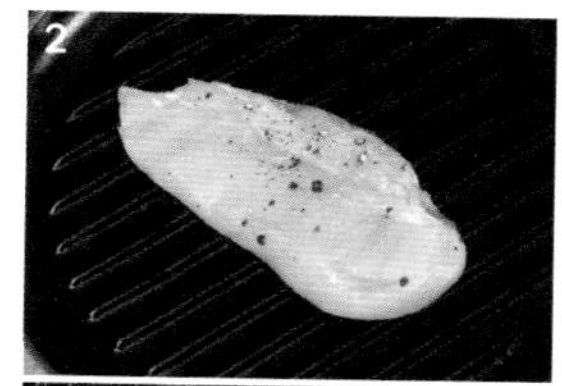

Tip 곁들이 채소로 브로콜리나 콜리플라워, 양배추 등을 더하면 모양도 예쁘고 영양의 균형을 맞출 수 있어서 좋아요.

참깨소스 닭가슴살 스테이크

1인분 **318** kcal

닭가슴살에 비타민이 풍부한 녹황색채소를 곁들이면 영양이 보완돼요. 베타카로틴이 풍부한 시금치와 비타민E가 풍부한 참깨소스가 닭가슴살과 어우러져 특별한 맛을 내요.

재료(2인분)

닭가슴살 100g
시금치 50g
화이트와인 1큰술
마늘 1쪽
치킨스톡 4큰술
올리브오일 2작은술

닭가슴살 밑간
소금·후춧가루 조금씩

참깨소스
통깨 1큰술
호두 2/3큰술
우유 5큰술

만드는 방법

1 닭가슴살을 소금, 후춧가루로 밑간한다.

2 팬에 올리브오일를 두르고 으깬 마늘을 넣어 향을 낸 뒤 밑간한 닭가슴살을 넣고 앞뒤로 노릇노릇하게 굽는다.

3 닭가슴살이 어느 정도 익으면 화이트와인과 치킨스톡을 넣고 뚜껑을 덮어 속까지 완전히 익힌다.

4 분량의 참깨소스 재료를 곱게 갈아 소금과 후춧가루로 간을 맞춘다.

5 시금치를 살짝 데치거나 전자레인지에 익힌다.

6 데친 시금치를 접시에 깔고 닭가슴살을 먹기 좋게 썰어 담은 뒤 참깨소스를 끼얹는다.

2

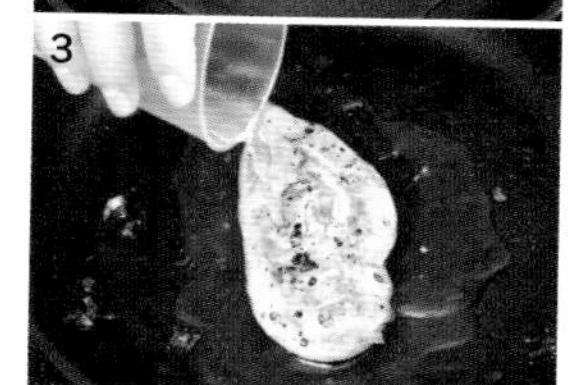
3

4

6

Tip 닭가슴살을 손질할 때 두툼한 부분을 포크로 몇 군데 콕콕 찌르면 속까지 부드럽게 잘 익어요.

닭가슴살 햄버그스테이크

1인분 166 kcal

닭가슴살에 어묵을 더해 갈면 더욱 부드러운 햄버그스테이크를 만들 수 있어요. 두반장과 굴소스를 섞어 만든 매콤하고 감칠맛 나는 소스를 곁들여 모두의 입맛에 잘 맞아요.

재료(2인분)

닭가슴살 50g
어묵 1/4장
표고버섯 1개
다진 양파 1½큰술
식용유 1/2큰술

녹말물 1큰술
녹말가루 1/2큰술
물 1/2큰술

소스
간장·청주 1/2큰술씩
두반장·굴소스 1/2작은술씩
다진 파 1큰술
다진 마늘 1/2작은술
참기름 1/2작은술
물 1/4컵

만드는 방법

1 닭가슴살과 어묵, 표고버섯, 다진 양파를 푸드 프로세서에 넣고 곱게 간 뒤 양을 반으로 나누어 동글납작하게 빚는다.

2 팬에 식용유를 두르고 ①의 패티를 앞뒤로 노릇노릇하게 굽는다.

3 팬에 식용유를 두르고 다진 파와 다진 마늘을 볶다가 나머지 소스 재료를 모두 넣어 한소끔 끓인다.

4 ③의 소스에 구운 스테이크를 넣어 잠시 조린다.

5 ④에 녹말물을 조금씩 넣어 걸쭉하게 만든 다음 불을 끄고 참기름을 넣는다.

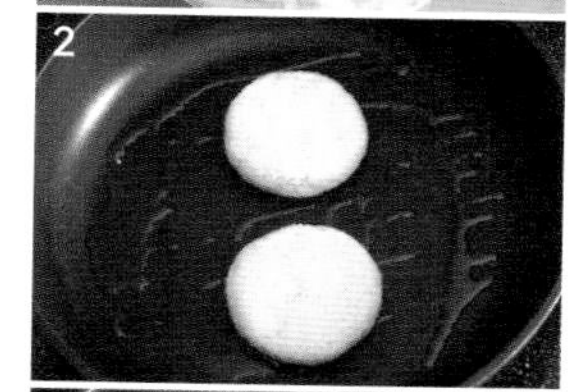

Tip 어묵을 고를 때는 생선살 함유량을 확인하세요. 생선살 함유량이 많을수록 부드럽고 생생한 맛을 느낄 수 있어요.

닭가슴살 찹스테이크

1인분 179 kcal

닭가슴살을 한입 크기로 썰어 채소와 함께 소스에 볶은 찹스테이크. 먹기 편할 뿐만 아니라 브로콜리, 버섯, 파프리카가 들어가 영양 균형도 잘 맞아요.

재료(2인분)

닭가슴살 50g
브로콜리 1/4개
파프리카 1/4개
양송이버섯 2개
올리브오일 1/2큰술

소스
스테이크 소스 1큰술
토마토케첩 1/2큰술
홀그레인 머스터드 1/2작은술
다진 마늘 1/2작은술
월계수잎 1장
소금·후춧가루 조금씩
물 1½큰술

만드는 방법

1 닭가슴살은 사방 2cm 크기로 썰고 브로콜리는 작게 나누어 썰어 살짝 데친다. 파프리카는 닭가슴살과 같은 크기로 썰고 양송이버섯은 반으로 썬다.

2 팬에 올리브오일을 두르고 다진 마늘을 볶다가 스테이크 소스, 토마토케첩, 월계수잎, 물을 넣어 끓인다. 조금 졸아들면 홀그레인 머스터드를 넣고 소금과 후춧가루로 간을 맞춘다.

3 팬에 올리브오일을 두르고 닭가슴살을 볶다가 ②의 소스를 부어 한소끔 끓인다.

4 ③에 브로콜리와 파프리카, 양송이버섯을 넣고 조금 더 조린다.

1

3

4

Tip 찹스테이크 소스는 미리 넉넉히 만들어 냉장고에 넣어두고 필요할 때마다 꺼내 쓰면 편해요. 채소는 그때그때 제철 채소를 곁들이면 좋아요.

닭가슴살 갈비구이

1인분 **180** kcal

누구나 좋아하는 갈비 양념에 닭가슴살을 재어 구운 스테이크. 양념이 밴 닭가슴살은 오래 구우면 양념이 타고 고기가 질겨지므로 불의 세기를 잘 조절해야 해요.

재료(2인분)

닭가슴살 100g
대파 20g

갈비 양념
간장 1½큰술
설탕 1/2큰술
조청 조금
참기름 1작은술
송송 썬 파 조금
다진 마늘·다진 생강 조금씩

만드는 방법

1 닭가슴살을 포를 뜨듯이 저며 썬 뒤 칼집을 낸다.

2 분량의 갈비 양념 재료를 섞어 ①의 닭가슴살에 붓고 20분 정도 잰다.

3 양념에 잰 닭가슴살을 달군 팬에 굽는다.

4 대파는 6~7cm 길이로 가늘게 채 썬다.

5 닭가슴살 갈비구이가 속까지 잘 익으면 꺼내서 접시에 담고 대파를 채 썰어 곁들인다.

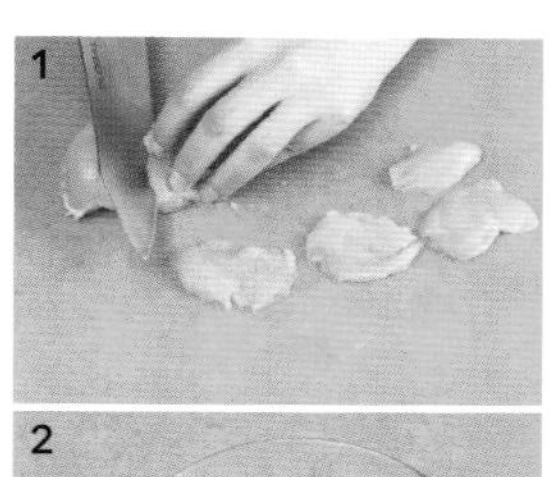

Tip 닭가슴살을 잿던 양념은 버리지 말고 닭가슴살 위에 끼얹어가며 구우세요. 간이 더 잘 배고 색이 골고루 입혀져 훨씬 먹음직스러워요.

칠리 닭가슴살구이

1인분 298 kcal

노릇하게 구운 닭가슴살을 새콤달콤한 칠리 소스로 버무린 스테이크예요. 토마토케첩과 핫소스를 섞어 만든 소스가 입에 착 붙어요.

재료(2인분)

닭가슴살 100g
어린잎채소 1줌
식용유 2작은술

닭가슴살 밑간
화이트와인 1큰술
다진 마늘 1/2작은술
소금·후춧가루 조금씩

칠리 소스
토마토케첩 1½큰술
핫소스 1½큰술
다진 양파 1큰술
다진 피클 1큰술
설탕·레몬즙 1/2큰술씩

만드는 방법

1 닭가슴살을 먹기 좋은 크기로 썰어 밑간한다.

2 팬에 식용유를 두르고 밑간한 닭가슴살을 노릇하게 굽는다.

3 어린잎채소를 씻어 물기를 뺀다.

4 분량의 칠리 소스 재료를 섞는다.

5 구운 닭가슴살을 접시에 담은 다음 칠리 소스를 끼얹고 어린잎채소를 곁들인다.

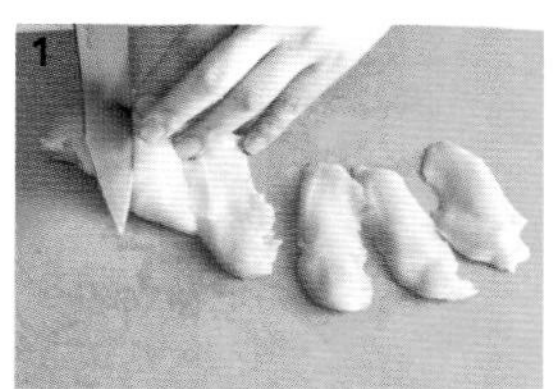

Tip 칠리 소스에 청양고추를 다져 넣으면 더 매운맛을 낼 수 있어요. 핫소스를 분량보다 좀 더 넣으면 매콤한 맛은 살지만 칼로리가 높아지니 주의하세요.

닭가슴살 고추장구이

1인분 303 kcal

담백한 닭가슴살에 청양고추를 넣고 매콤하고 칼칼한 고추장 소스를 듬뿍 발라 구웠어요. 청양고추에 풍부한 캡사이신은 지방을 분해하는 효과가 있어 다이어트에 좋아요.

재료 (2인분)

닭가슴살 100g
새송이버섯 2개
식용유 1/2큰술
어린잎채소 한줌
통깨 조금

고추장 소스
고추장 1큰술
고춧가루·간장 1작은술씩
청주 1/2큰술
물엿 1/2큰술
다진 마늘 1작은술
참기름 조금
물 2큰술

만드는 방법

1 닭가슴살은 5mm 두께로 저며 썬다.

2 새송이버섯을 닭가슴과 같은 두께로 저며 썬다.

3 분량의 고추장 소스 재료를 섞는다.

4 팬에 식용유를 두르고 닭가슴살과 새송이버섯을 올린 다음 고추장 소스를 얇게 발라가며 약한 불에서 천천히 굽는다.

5 완성된 닭가슴살 고추장구이를 접시에 담고 어린잎채소를 곁들인다. 마지막에 통깨를 뿌린다.

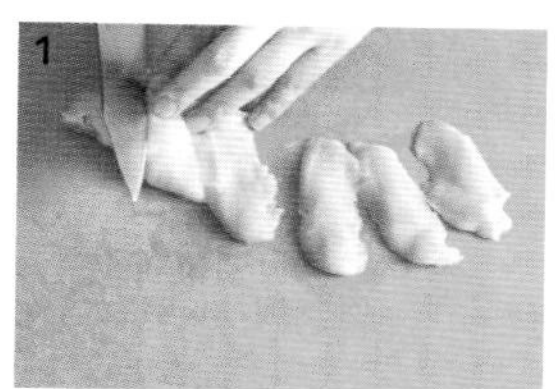

Tip 양념구이를 할 때는 익기도 전에 겉이 타버리기 쉬워 주의해야 해요. 팬에 기름을 골고루 두르고 약한 불에서 구워야 겉에 바른 양념이 타지 않는답니다.

탄두리치킨

1인분 **354** kcal

닭가슴살을 탄두리 소스에 재어 오븐에 구운 인도풍 요리. 카레가루와 요구르트가 들어가 부드러우면서 매콤한 탄두리 소스가 닭고기 냄새를 없애고 맛과 향을 좋게 해요.

재료(2인분)

닭가슴살 100g
토르티야 1장

탄두리 소스
플레인 요구르트 1/2컵
토마토케첩 2큰술
카레가루 1½큰술
간장 1/2큰술
다진 마늘 1/2작은술
레몬즙 1/2작은술
소금·후춧가루 조금씩

만드는 방법

1 닭가슴살을 먹기 좋은 크기로 썬다.

2 분량의 탄두리 소스 재료를 모두 믹서에 넣고 간다.

3 썰어둔 닭가슴살에 탄두리 소스를 입혀 2시간 정도 잰다.

4 180℃로 예열한 오븐에 양념한 닭가슴살을 넣어 40분 정도 굽는다. 중간에 한 번 뒤집는다.

5 프라이팬을 기름 없이 달군 다음 토르티야를 올려 살짝 굽는다. 탄두리치킨을 접시에 담고 토르티야를 함께 낸다.

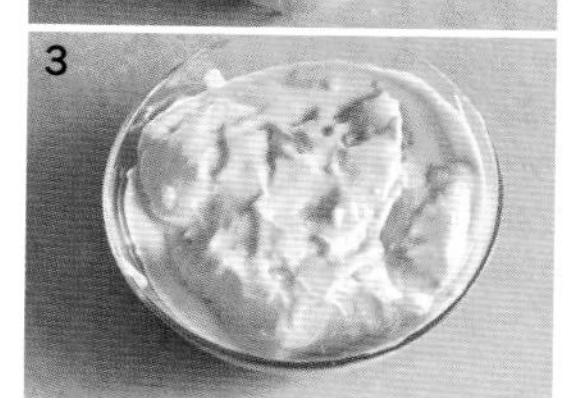

Tip 오븐에 닭가슴살을 구울 때는 꼭 중간에 한 번 뒤집으세요. 소스가 벗겨진 것 같으면 소스를 붓으로 덧바르세요.

닭가슴살 테리야키구이

1인분 **365** kcal

표고버섯 안에 부드럽게 반죽한 닭가슴살을 채워 넣고 달콤한 테리야키 소스에 윤기 나게 조렸어요. 모양이 정갈해서 손님상에 올려도 손색이 없는 요리예요.

재료 (2인분)

닭가슴살 100g
마른 표고버섯 6개

간장 3큰술
조청 2큰술
청주 1큰술
녹말가루 적당량
식용유 2작은술
물 1/2컵

닭가슴살 양념
달걀흰자 1/2개분
청주 1작은술
다진 생강 1작은술
소금·후춧가루 조금씩

만드는 방법

1 닭가슴살과 양념 재료를 모두 푸드 프로세서에 넣고 곱게 간다.

2 마른 표고버섯을 물에 담가 불린다. 불린 물은 버리지 않는다.

3 불린 표고버섯의 물기를 짜고 갓 안쪽에 녹말가루를 얇게 묻힌 다음 ①의 고기반죽을 봉긋하게 채워 넣는다.

4 팬에 식용유를 두르고 ③의 표고버섯을 고기반죽이 밑으로 오게 올려 노릇노릇하게 굽는다.

5 ④에 표고버섯 불린 물과 청주, 간장을 넣고 뚜껑을 닫아 속까지 익힌 다음 국물이 졸아들면 조청을 넣어 윤기를 낸다.

Tip 닭가슴살 반죽을 표고버섯 안에 채워 넣을 때는 꼼꼼히 넣어 눌러주는 게 좋아요. 너무 헐겁게 채우면 양념에 조릴 때 부서져 나올 수 있어요.

닭가슴살 채소구이

1인분 **328** kcal

채소를 구우면 달착지근한 맛이 나고 부담 없이 먹을 수 있어 다이어트 메뉴로 아주 좋아요.
채소를 구울 때는 센 불에서 재빨리 구워야 아삭아삭해요.

재료 (2인분)

닭가슴살 100g
고구마 1/2개
양파 1/4개
파프리카 1/4개
올리브오일 1/2큰술

닭가슴살 밑간
화이트와인 1큰술
다진 마늘 1작은술
소금·후춧가루 조금씩

머스터드 소스
홀그레인 머스터드 1큰술
꿀·간장 1작은술씩
레몬즙 1/2작은술
소금·후춧가루 조금씩

만드는 방법

1 닭가슴살을 2cm 크기로 네모지게 썰어 밑간한다.

2 고구마는 전자레인지에 3분간 돌려 반 정도 익힌 다음 1cm 두께로 썬다.

3 양파와 파프리카는 닭가슴살 크기로 썬다.

4 분량의 머스터드 소스 재료를 섞는다.

5 팬에 올리브오일을 두르고 중불에서 닭가슴살을 굽다가 고구마와 채소를 넣고 함께 굽는다.

6 잘 구워진 닭가슴살과 채소를 접시에 담고 소스를 곁들여 낸다.

1

2,3

4

5

Tip 고구마는 날 것을 팬에 바로 구우면 잘 익지 않아요. 전자레인지에 조금 익힌 다음 팬에 구우면 속까지 잘 익는답니다.

닭가슴살 꼬치구이

1인분 380 kcal

닭가슴살과 새송이버섯, 파프리카, 떡을 꼬치에 꿰어 소스를 발라 구운 요리예요. 담백한 닭가슴살과 채소를 꼬치에 꿰어 건강 간식으로 준비해도 좋아요.

재료(2인분)

닭가슴살 100g
새송이버섯 1개
파프리카 1/2개
떡볶이용 떡 4개
대파 1/4대
통깨 조금
나무 꼬치 2개

소스
간장 3큰술
청주 2큰술
물엿 2큰술
생강즙 1작은술
물 2큰술

만드는 방법

1 떡볶이용 떡은 하나씩 떼서 준비한다. 떡이 너무 딱딱하면 미지근한 물에 불린다.

2 닭가슴살과 새송이버섯, 파프리카, 대파를 떡볶이용 떡 크기에 맞춰 썬다.

3 소스 재료를 냄비에 넣고 걸쭉해질 때까지 끓인다.

4 나무 꼬치에 닭가슴살, 새송이버섯, 파프리카, 대파를 차례대로 꿴다.

5 그릴이나 팬에 ③의 꼬치를 올리고 소스를 붓으로 발라가며 약한 불에서 속까지 잘 익도록 굽는다.

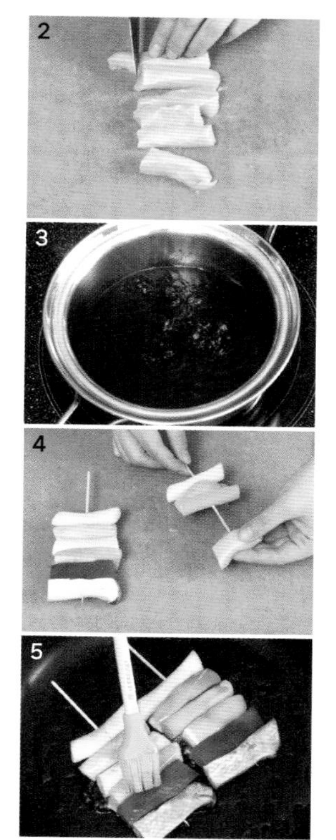

Tip 소스가 묽으면 꼬치에 바를 때 흘러내려 맛이 배지 않으니 걸쭉하게 만들어 여러 번 덧바르세요.

닭가슴살 버섯구이

1인분 346 kcal

버섯은 칼로리가 적어 아무리 먹어도 몸이 가벼워지는 느낌이에요. 향긋한 버섯과 와인에 재어 구운 닭가슴살, 신선한 파프리카는 새콤한 발사믹 드레싱이 잘 어울려요.

재료(2인분)

닭가슴살 100g
표고버섯 3개
새송이버섯 2개
파프리카 1/2개

닭가슴살 양념
화이트와인 1½큰술
다진 마늘 1작은술
소금·후춧가루 조금씩

발사믹 드레싱
올리브오일 1큰술
발사믹식초 1/2큰술
간장·꿀 1작은술씩
소금·후춧가루 조금씩

만드는 방법

1 양념 재료를 섞어 닭가슴살에 골고루 발라 30분 정도 잰다.

2 표고버섯은 2~3등분하고 새송이버섯은 1.5cm 두께로 동그랗게 썬다. 파프리카는 한입 크기로 썬다.

3 양념한 닭가슴살을 그릴 팬에 올려 앞뒤로 노릇하게 굽고, 버섯과 파프리카도 굽는다.

4 분량의 발사믹 드레싱 재료를 섞는다.

5 구운 닭가슴살을 먹기 좋게 썰어 버섯, 파프리카와 함께 접시에 담고 드레싱을 끼얹는다.

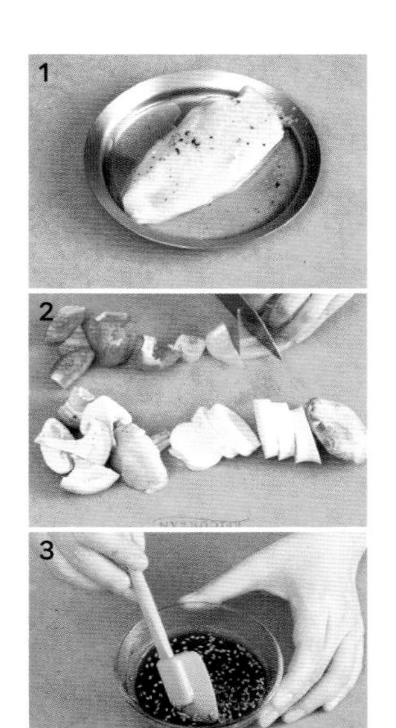

Tip 느타리버섯이나 양송이버섯 등 여러 가지 버섯을 함께 구우면 더 푸짐하고 맛도 좋아요.

닭가슴살 시금치 샌드

1인분 **408** kcal

닭가슴살에 크래커로 옷을 입혀 바삭하게 구웠어요. 겉은 색이 나며 익었는데 속이 덜 익은 것 같을 땐 전자레인지에 돌려 속까지 익히세요.

재료(2인분)

닭가슴살 100g
시금치 2줄기
슬라이스 치즈 1장
토마토케첩 1/2작은술
식용유 1큰술

튀김옷
크래커 3개
달걀 1개
밀가루 적당량

닭가슴살 밑간
청주 조금
소금·후춧가루 조금씩

만드는 방법

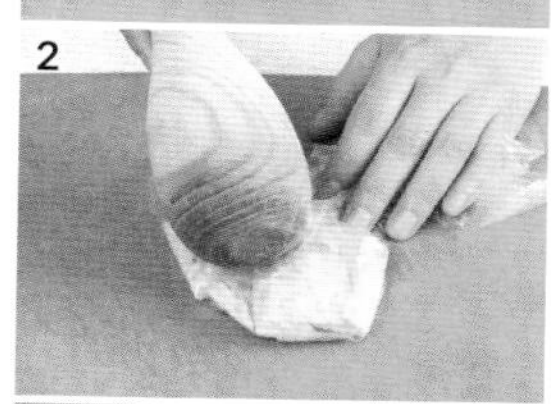

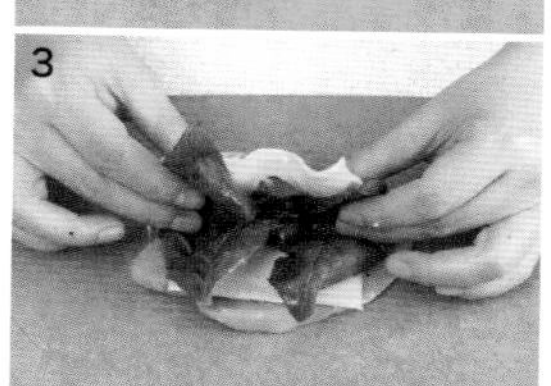

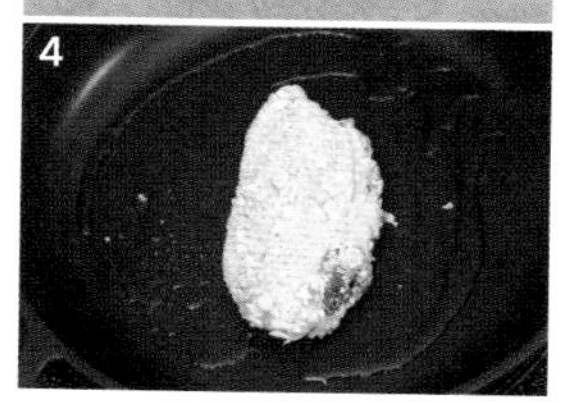

1 닭가슴살을 옆으로 반 갈라 펴서 청주, 소금, 후춧가루로 밑간한다.

2 달걀은 풀어두고 크래커는 비닐봉지에 담아 방망이나 칼 손잡이로 두들겨 잘게 부순다.

3 밑간한 닭가슴살 위에 슬라이스 치즈와 시금치를 올리고 반 접은 다음 밀가루, 달걀, 크래커 순서로 튀김옷을 입힌다.

4 팬에 식용유를 두르고 ③의 닭가슴살 샌드를 넣어 중불에서 바삭하게 굽다가 약한 불로 속까지 익힌다.

5 완성된 닭가슴살 샌드를 접시에 담고 토마토케첩을 곁들여 낸다.

Tip 슬라이스 치즈가 닭가슴살 옆으로 비어져 나오지 않도록 잘 넣고, 시금치가 너무 길면 닭가슴살 크기에 맞춰 썰어서 넣으세요.

닭가슴살 채소말이찜

1인분 340 kcal

불을 사용하지 않고 전자레인지로만 조리할 수 있는 간단하면서도 근사한 닭가슴살 요리예요. 바삭바삭하고 고소한 크래커와 아몬드를 입혀 튀기지 않고도 씹는 맛을 살렸어요.

재료(2인분)

닭가슴살 100g
마늘종 1줄기
슬라이스 햄 1장
슬라이스 치즈 1장
크래커 2개
아몬드 슬라이스 1큰술
홀그레인 머스터드 1/2큰술

닭가슴살 밑간
화이트와인 조금
소금·후춧가루 조금씩

만드는 방법

1 닭가슴살의 두꺼운 부분을 칼로 저며 두께를 평평하게 맞춘 뒤 소금과 후춧가루, 화이트와인을 뿌려 밑간한다.

2 마늘종은 닭가슴살 넓이만 한 길이로 자른다.

3 크래커와 아몬드 슬라이스를 잘게 부숴 마른 팬에 보슬보슬하게 볶는다.

4 밑간한 닭가슴살 위에 슬라이스 햄과 슬라이스 치즈, 마늘종을 올리고 돌돌 말아 랩으로 감싼다.

5 닭가슴살말이를 전자레인지에 6분 정도 익힌다.

6 익힌 닭가슴살말이의 랩을 벗기고 홀그레인 머스터드를 바른다. 그 위에 볶은 크래커와 아몬드를 단단하게 입혀 1cm 두께로 썬다.

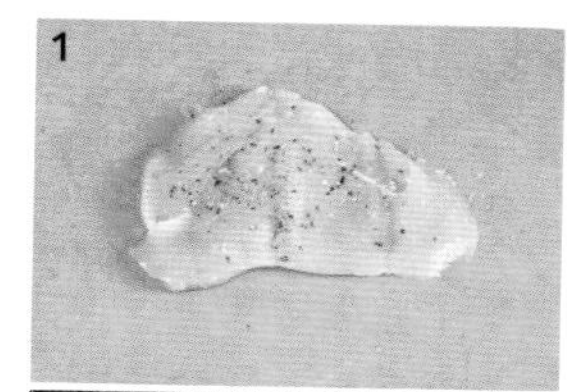
1

3

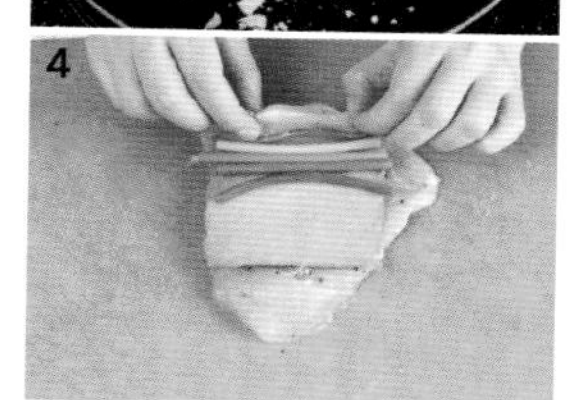
4

6

Tip 마늘종 대신 피망을 채 썰어 넣어도 좋아요. 소스도 홀그레인 머스터드 대신 마요네즈를 발라도 됩니다.

닭가슴살 채소전

1인분 138 kcal

닭가슴살과 양파, 애호박, 당근을 잘게 다지고 달걀, 녹말가루로 반죽해 구운 채소전. 밀가루 대신 녹말가루를 사용해 소화를 돕고 칼로리도 낮췄어요.

재료(2인분)

닭가슴살 50g
양파 1/8개
애호박 1/10개
당근 1/8개
청양고추 1/2개
달걀 1/2개
다진 마늘 1/2작은술
녹말가루 1/2큰술
소금·후춧가루 조금씩
식용유 2작은술

양념간장
간장 2큰술
식초 1큰술
생강즙 1/2작은술

만드는 방법

1 닭가슴살을 잘게 다진다.

2 양파와 애호박, 당근, 청양고추도 모두 다진다.

3 볼에 다진 닭가슴살과 채소를 넣고 녹말가루와 달걀, 다진 마늘, 소금, 후춧가루를 넣어 섞는다.

4 팬에 식용유를 두르고 숟가락으로 반죽을 조금씩 떠 올려 모양을 잡으며 노릇하게 굽는다.

5 양념간장 재료를 섞어 채소전에 곁들여 낸다.

Tip 전을 구울 때 기름을 넉넉히 두르고 약한 불에서 천천히 구워야 닭가슴살도 잘 익고 타지 않아 색도 예쁘게 나요.

닭가슴살 완자

1인분 184 kcal

부드러운 두부와 담백한 닭가슴살을 곱게 갈아 완자를 만들어서 뜨거운 물에 삶았어요.
기름에 지진 완자보다 칼로리가 적고 맛이 깔끔해서 다이어트식으로 좋아요.

재료(2인분)

닭가슴살 50g
두부 1/4모
달걀 1/2개
청주 1/2큰술
녹말가루 1/2큰술
송송 썬 파 1큰술
다진 홍고추 1/2작은술
소금 조금

생강초 간장
간장 2큰술
식초 1큰술
생강즙 1/2작은술

만드는 방법

1 닭가슴살을 갈기 좋게 숭덩숭덩 썬다.

2 두부를 면포로 감싸 비틀어 물기를 짜면서 곱게 으깬다.

3 썰어둔 닭가슴살과 으깬 두부, 달걀, 청주, 녹말가루, 소금을 커터에 넣어 곱게 간 뒤 송송 썬 파와 다진 홍고추를 넣고 섞는다.

4 냄비에 물을 끓인 다음 불을 줄이고 ③의 반죽을 한 숟가락씩 떠 넣어 삶는다. 익으면 건져서 물기를 뺀다.

5 분량의 생강초간장 재료를 섞어 완자에 곁들여 낸다.

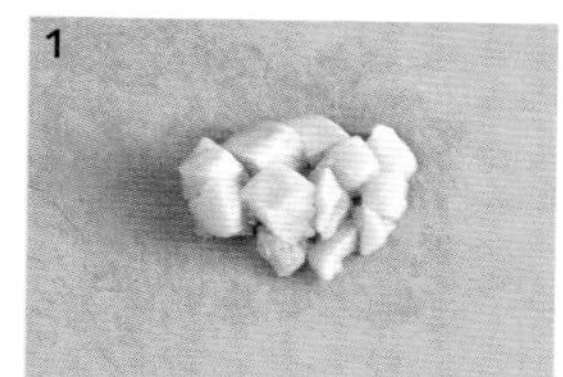

1

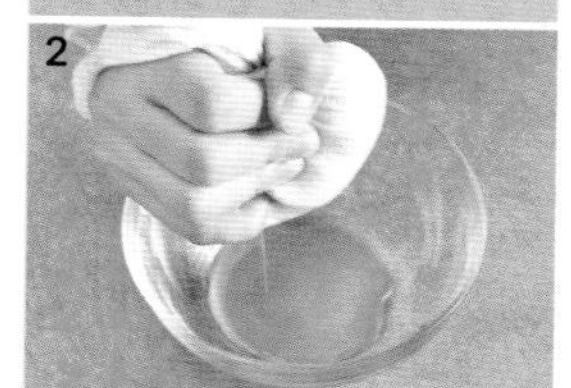

2

3

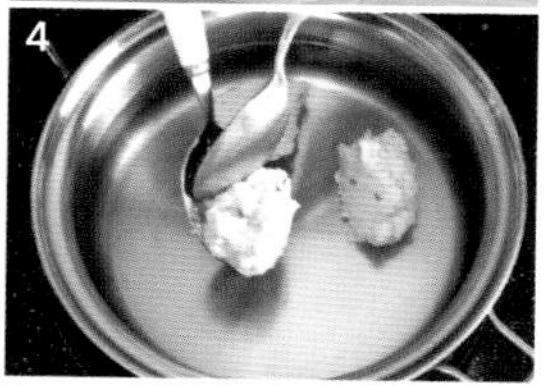

4

Tip 끓는 물에 완자반죽을 숟가락으로 떠 넣을 때는 불을 줄여 물이 잔잔하게 끓도록 하세요. 그래야 반죽이 풀어지지 않고 잘 삶아져요.

Part 3

한 끼 요리

국수, 덮밥, 파스타, 떡볶이 등 즐겨 먹는 한 끼 요리에 닭가슴살을 더해보세요. 양질의 단백질을 보충하는 것은 물론 맛도 한층 좋아진답니다. 비싼 쇠고기나 돼지고기 대신 싸고 영양 많은 닭가슴살을 이용하면 칼로리도 낮아지고 비용도 절약돼 건강과 실속을 함께 챙길 수 있어요.

닭가슴살 카레라이스

1인분 463 kcal

강황, 울금 등 12가지 이상의 향신료가 들어있어 건강에 좋은 카레. 닭가슴살과 다양한 채소가 들어가 영양 균형도 좋아요. 만들기가 쉬워 누구나 실력을 발휘할 수 있어요.

재료(1인분)

밥 1/2공기
닭가슴살 100g
양파 1/4개
단호박 50g
양송이버섯 2개
카레가루 2큰술
플레인 요구르트 1큰술
다진 마늘 1/2작은술
올리브오일 1작은술
물 1컵

만드는 방법

1 닭가슴살과 양파, 단호박은 1.5cm 크기의 주사위 모양으로 썰고 양송이버섯은 4등분한다.

2 팬에 올리브오일을 두르고 다진 마늘을 볶다가 닭가슴살과 양파, 단호박, 양송이버섯을 넣어 같이 볶는다.

3 닭가슴살이 어느 정도 익으면 물을 붓고 한소끔 끓인 뒤 카레가루를 넣어 잘 풀어가며 섞는다.

4 카레가 걸쭉하게 끓으면 밥 위에 붓고 플레인 요구르트를 끼얹는다.

Tip 단호박은 익는 시간이 오래 걸리기 때문에 다른 재료들보다 조금 작게 썰어야 해요. 카레에 요구르트를 곁들여 먹으면 맛이 한결 부드럽고 소화도 잘돼요.

닭가슴살 김치볶음밥

1인분 **420** kcal

김치볶음밥의 생명은 역시 김치죠. 신김치를 송송 썰어 넣고 김칫국물로 맛을 더했더니 완벽한 김치볶음밥이 탄생되었어요. 달걀프라이까지 올리면 금상첨화예요.

재료(1인분)

밥 1/2공기
닭가슴살 100g
신김치 80g
양파 1/4개
달걀 1개

김칫국물 조금
깨소금 조금
식용유 2작은술

닭가슴살 밑간
다진 마늘 1/2작은술
소금·후춧가루 조금씩

만드는 방법

1 닭가슴살을 잘게 썰어 다진 마늘과 소금, 후춧가루로 밑간한다.

2 김치와 양파는 송송 썬다.

3 팬에 식용유를 두르고 밑간한 닭가슴살을 노릇하게 볶아 꺼낸다. 팬에 기름을 더 두르고 김치와 양파를 넣어 볶는다.

4 김치와 양파가 어느 정도 익으면 김칫국물과 밥을 넣고 볶다가 볶은 닭가슴살을 넣어 함께 볶는다. 마지막에 깨소금을 뿌린다.

5 달군 팬에 기름을 두르고 달걀프라이를 부친다. 김치볶음밥을 그릇에 담고 그 위에 달걀프라이를 올린다.

Tip 볶음밥을 할 때는 김치나 채소 같은 부재료를 충분히 볶은 뒤 밥을 넣어야 밥이 질척하지 않고 고슬고슬하게 볶아져요.

닭가슴살 카레볶음밥

1인분 **339** kcal

바쁜 현대인에게는 반찬 없이 간편하게 먹을 수 있는 한 그릇 요리로 볶음밥이 최고죠. 갖은 채소를 넣어 영양을 보완하고 카레가루로 맛을 더해 간편하게 준비해보세요.

재료(1인분)

밥 1/2공기
닭가슴살 100g
당근·양파 1/8개씩
셀러리 1/4줄기
양송이버섯 1개
마늘 2쪽
카레가루 1작은술
간장 1작은술
소금·후춧가루 조금씩
식용유 1/2작은술

만드는 방법

1 닭가슴살을 1cm 크기의 주사위 모양으로 썬다.

2 양파와 당근, 셀러리, 양송이버섯을 닭가슴살 크기에 맞춰 작게 썬다.

3 마늘을 얇게 저며 썰어 기름에 바삭하게 튀긴 후 기름을 뺀다.

4 팬에 식용유를 두르고 닭가슴살과 채소, 버섯을 넣어 볶다가 밥을 넣어 어우러지게 볶는다.

5 ④에 카레가루와 간장을 넣어 볶다가 소금과 후춧가루로 간을 맞춘다. 그릇에 담고 튀긴 마늘을 뿌린다.

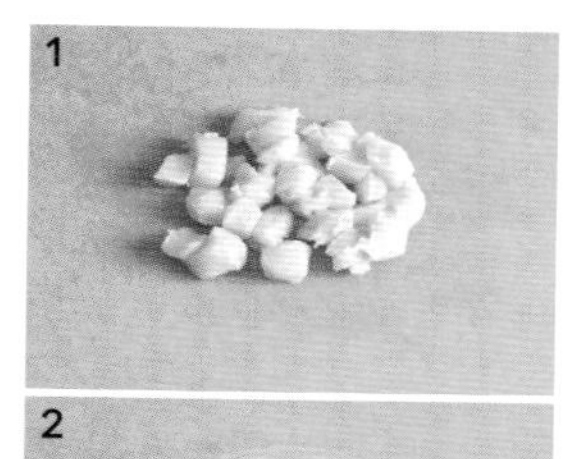
1

2

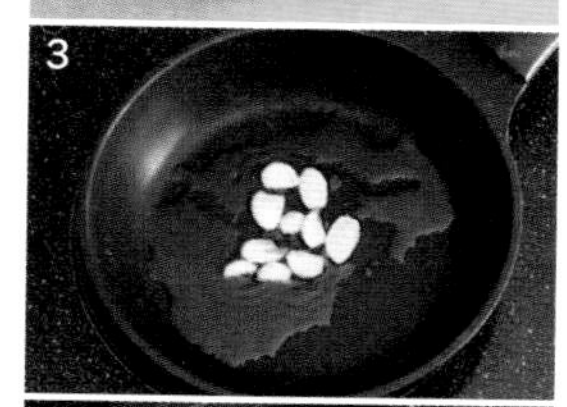
3

4

Tip 마늘을 한꺼번에 많이 튀겨 냉동실에 보관해두고 필요할 때마다 꺼내 쓰면 유용해요. 고기 요리는 물론 볶음밥, 샐러드, 초밥, 국수 등 다양한 요리에 감초처럼 잘 어울려요.

닭가슴살 마파두부 덮밥

1인분 **483** kcal

영양 많은 두부를 주사위 모양으로 썰어 다진 닭고기와 함께 볶은 중국식 요리. 매콤한 두반장 소스로 볶아 느끼하지 않고 칼칼해요.

재료(1인분)

밥 1/2공기
닭가슴살 100g
두부 100g
방울토마토 4개
다진 파 1½큰술
다진 마늘 1/2작은술
다진 생강 1/3작은술

청주 · 두반장 1큰술씩
굴소스 1/2큰술
식용유 조금
소금 · 후춧가루 조금씩
물 1/4컵
참기름 조금

녹말물
녹말가루 1/2큰술
물 1큰술

만드는 방법

1 닭가슴살을 잘게 다진다.

2 두부는 1cm 크기의 주사위 모양으로 썰고 방울토마토는 반 가른다.

3 팬에 식용유를 두르고 다진 마늘과 다진 생강, 다진 파를 볶다가 향이 나면 닭가슴살을 넣어 볶은 뒤 청주, 두반장, 굴소스, 물을 넣는다.

4 ③에 두부와 방울토마토를 넣어 한소끔 더 끓인 뒤 소금과 후춧가루로 간을 맞춘다.

5 ④에 녹말물을 조금씩 넣어 걸쭉해지면 불을 끄고 참기름을 뿌린 뒤 밥 위에 붓는다.

Tip 녹말물을 넣을 때 불을 약하게 줄이고 조금씩 넣어야 덩어리지지 않고 부드러운 소스가 돼요.

닭가슴살 달걀덮밥

1인분 380 kcal

따뜻한 밥 위에 닭가슴살과 채소, 달걀을 질척하게 익혀 끼얹은 일본식 닭가슴살 덮밥이에요. 부드러운 달걀과 칼칼한 꽈리고추의 맛이 잘 어우러진 별미입니다.

재료(1인분)

밥 1/2공기
닭가슴살 100g
애느타리버섯 50g
양파 1/4개
꽈리고추 2개
대파 1/4대
달걀 1개

양념
가다랑어농축액 1/2큰술
(또는 혼다시 1작은술)
간장 1/2큰술
청주 1/2큰술
생강즙 1작은술
소금·후춧가루 조금씩
물 1컵

만드는 방법

1 닭가슴살은 3cm 크기로 저며 썰고 양파는 1cm 너비로 썬다. 애느타리버섯은 먹기 좋게 찢고 꽈리고추와 대파는 어슷하게 썬다.

2 팬에 물을 붓고 청주와 생강즙, 가다랑어농축액, 간장을 넣어 한소끔 끓인 뒤 소금과 후춧가루로 간을 맞춘다.

3 ②의 양념에 닭가슴살을 넣고 조린다.

4 닭가슴살이 익으면 버섯과 채소를 모두 넣어 익힌다.

5 재료가 모두 익으면 달걀을 풀어 빙 둘러 끼얹는 뒤 밥 위에 얹는다.

1

3

4

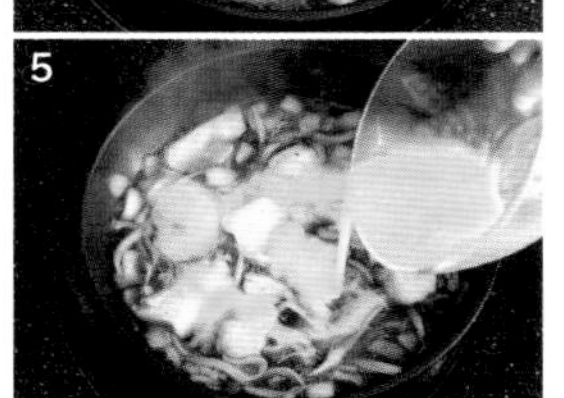
5

Tip 달걀은 미리 풀어두지 말고 넣기 직전에 풀어 넣어야 익었을 때 부드러워요. 달걀을 푼 다음에는 섞지 말고 가만히 익히세요.

닭가슴살 라따뚜이

1인분 **242** kcal

라따뚜이는 가지, 토마토 등의 여러 채소에 허브와 올리브오일을 넣고 끓인 프랑스식 스튜입니다. 여기에 닭가슴살을 넣어 맛과 영양을 높였어요.

재료(1인분)

닭가슴살 50g
주키니(돼지호박) 1/8개
가지 1/4개
당근 1/4개
피망 1/6개
파프리카 1/8개
토마토 1개

다진 양파 1½큰술
다진 마늘 1/2작은술
월계수잎 1장
올리브오일 1큰술
물 1/4컵
소금·후춧가루 조금씩

만드는 방법

1 닭가슴살은 1.5cm 크기로 썰고 주키니와 가지, 당근은 모두 1cm 두께로 동그랗게 썬다.

2 피망과 파프리카는 같은 크기로 네모지게 썰고 토마토는 숭덩숭덩 썬다.

3 팬에 올리브오일을 두르고 다진 마늘과 다진 양파를 넣어 향이 나도록 볶다가 토마토를 제외한 재료를 전부 넣어 볶는다.

4 ③에 토마토를 넣고 주걱으로 짓이긴 다음 물과 월계수잎을 넣어 모든 재료가 부드럽게 익을 때까지 조린다. 소금과 후춧가루로 간을 해 완성한다.

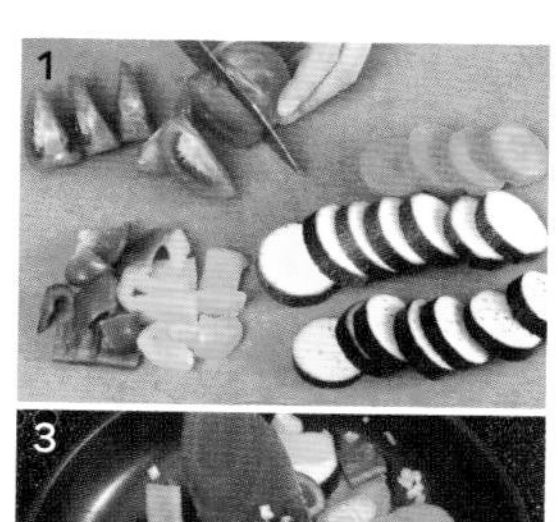

Tip 라따뚜이는 모든 채소가 물러질 때까지 푹 익혀야 제맛이 나요. 약한 불에서 오랫동안 조리세요.

닭가슴살 프리타타

1인분 **331** kcal

달걀을 주재료로 한 이탈리아식 오믈렛을 프리타타라고 해요. 길쭉하게 접지 않고 팬이나 오븐에 동그랗고 도톰하게 굽는 것이 특징입니다.

재료(1인분)

닭가슴살 100g
달걀 2개
파프리카 1/4개
양파 1/4개
양송이버섯 1개

파슬리가루 조금
소금·후춧가루 조금씩
식용유 2작은술

닭가슴살 삶는 물
양파 1/4개
대파 1대
마늘 2쪽
생강 20g
물 3컵

만드는 방법

1 냄비에 닭가슴살 삶는 물 재료를 넣고 15분 정도 끓인 뒤 닭가슴살을 넣어 삶는다.

2 삶은 닭가슴살을 잘게 찢는다.

3 파프리카, 양파, 양송이버섯을 잘게 다진다.

4 달걀을 푼 뒤 닭가슴살, 채소, 버섯, 파슬리가루를 넣어 섞고 소금과 후춧가루로 간한다.

5 팬에 식용유를 두르고 ④의 달걀을 부어 약한 불에서 천천히 익힌다.

2

3

4

5

Tip 프리타타를 구울 때는 아주 약한 불에서 뚜껑을 닫고 익혀야 속까지 잘 익어요. 불이 너무 세면 아래는 타고 윗부분은 덜 익는 경우가 생기니 주의하세요.

닭가슴살 치즈 떡볶이

1인분 **496** kcal

떡볶이는 어른아이 할 것 없이 누구나 좋아하는 메뉴로 만들기도 쉬워요. 고추장 양념에 치즈가 입혀져 색다른 맛이 나고 매운맛이 덜해 아이들 간식으로 좋아요.

재료(1인분)

떡볶이용 떡 50g
닭가슴살 100g
어묵 1장
양파 1/4개
브로콜리 1/2개
피자치즈 2큰술
식용유 2작은술

양념
고추장 1큰술
고춧가루 1/2큰술
토마토케첩 2큰술
물엿 1/2큰술
청주 1큰술
다진 마늘 1작은술
소금 조금
물 1/2컵

만드는 방법

1 닭가슴살을 5mm 두께로 저며 썬다.

2 어묵은 3~4cm 크기로 네모지게 썰고 양파는 굵게 채 썬다. 브로콜리는 송이를 작게 나누어 끓는 물에 살짝 데친다.

3 팬에 식용유를 두르고 닭가슴살과 어묵, 양파, 브로콜리를 넣어 볶는다.

4 ③에 양념을 모두 넣어 섞은 뒤 떡을 넣어 볶는다.

5 국물이 바특하게 졸면 오븐용 내열용기에 옮겨 담고 피자치즈를 뿌려 180℃의 오븐에 5분 정도 굽는다.

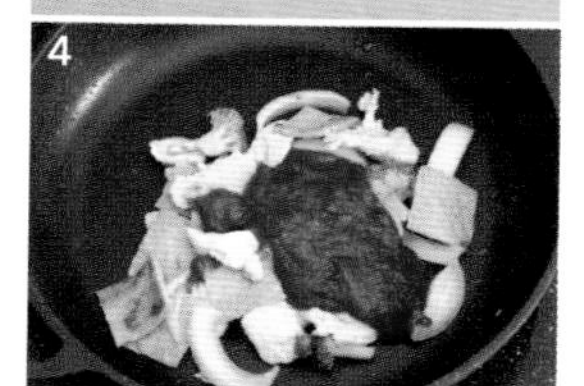

Tip 오븐 없이 치즈 떡볶이를 만들 때는 마지막 과정을 생략하면 돼요. 채소를 볶던 팬에 떡과 양념을 넣어 볶은 뒤 피자치즈를 올려 치즈가 녹도록 약한 불에서 익히면 됩니다.

닭가슴살 볶음우동

1인분 **329** kcal

채소와 닭가슴살을 쫄깃한 우동과 함께 달콤한 소스로 양념한 간단 볶음국수. 우동을 넣을 때는 뭉쳐있는 상태로 넣지 말고 따뜻한 물에 담가 잘 풀어서 넣어야 해요.

재료(1인분)

우동 100g
닭가슴살 100g
표고버섯 1개
양파 1/4개
당근 1/5개
청·홍피망 1/8개씩
대파 1/3대

다진 마늘 1작은술
간장 · 청주 1/2큰술씩
돈가스 소스 1½큰술
참기름 조금
소금·후춧가루 조금씩
식용유 1작은술

닭가슴살 삶는 물
양파 1/4개
대파 1대
마늘 2쪽
생강 20g
물 3컵

만드는 방법

1 냄비에 닭가슴살 삶는 물 재료를 넣고 15분 정도 끓인 뒤 닭가슴살을 넣어 삶는다.

2 삶은 닭가슴살을 잘게 찢는다.

3 표고버섯은 저며 썰고 양파와 피망은 채 썬다. 당근은 2cm 너비로 납작하게 썰고 대파는 3cm 길이로 썰어 3~4등분한다.

4 우동을 따뜻한 물에 담가 가닥을 풀고 물기를 뺀다.

5 팬에 식용유를 두르고 다진 마늘을 볶다가 채소와 버섯을 넣고 잠시 후 닭가슴살도 넣어 볶는다. 소금, 후춧가루로 간한다.

6 볶은 재료를 팬 한쪽으로 밀고 우동을 넣어 청주, 간장, 돈가스소스로 양념한 뒤 밀어둔 재료와 섞어 함께 볶는다. 불을 끄고 참기름을 뿌린다.

Tip 볶음우동은 매콤하게 양념해도 맛있어요. 닭가슴살과 채소를 고추기름으로 볶은 뒤 굴소스로 간을 하고 고춧가루를 넣으면 간간하면서도 매콤한 볶음우동이 완성됩니다.

닭가슴살 토마토 파스타

1인분 **499** kcal

신선한 채소가 들어간 토마토소스 파스타는 간단히 만들어 먹기 좋은 별미 메뉴에요. 스파게티는 가운데 흰 심이 보일 정도로 살짝 덜 삶아야 맛을 낼 수 있어요.

재료(1인분)

스파게티 80g
닭가슴살 50g
주키니 1/8개
가지 1/4개
양파 1/4개
새송이버섯 1/2개
다진 마늘 1/2작은술
토마토 소스 1컵
바질가루 조금
소금·후춧가루 조금씩
올리브오일 1/2큰술

만드는 방법

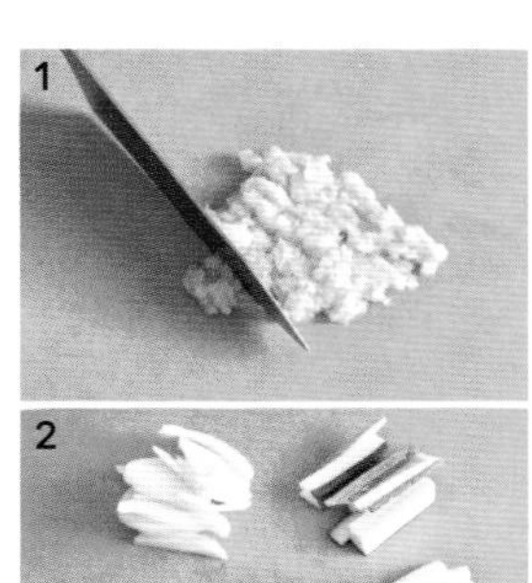

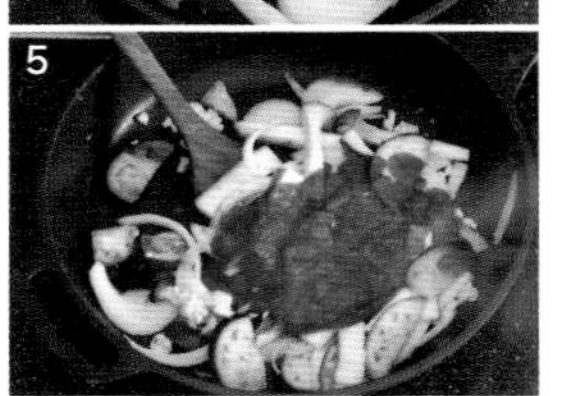

1 닭가슴살을 잘게 다진다.

2 주키니는 2cm 너비로 납작하게 썰고 가지는 반 갈라 어슷하게 썬다. 양파는 채 썰고 새송이버섯은 손가락 굵기로 길게 썬다.

3 스파게티를 끓는 물에 넣고 소금으로 간해 8분 정도 삶는다.

4 팬에 올리브오일을 두르고 다진 마늘을 볶다가 닭가슴살과 채소, 버섯을 넣어 어우러지게 볶는다.

5 토마토 소스를 넣어 볶다가 삶은 스파게티를 넣고 소금과 후춧가루로 간을 맞춘다. 접시에 담고 바질가루를 뿌린다.

Tip 주키니가 없으면 애호박으로 대신해도 상관없어요. 홍고추를 어슷하게 썰어 넣어 매콤한 맛을 내도 좋아요.

닭가슴살 미네스트로네

1인분 **337** kcal

미네스트로네는 채소와 파스타 등을 넣어 끓이는 이탈리아 전통 수프예요. 정해진 재료가 있는 것은 아니기 때문에 제철에 나는 갖가지 채소를 넣고 푹 끓이면 돼요.

재료(1인분)

스파게티 30g
닭가슴살 100g
토마토 1개
양파 1/4개
셀러리 1줄기
마늘 1쪽
삶은 완두콩 2큰술
월계수잎 1장
바질 조금
소금·후춧가루 조금씩
올리브오일 1/2큰술
물 2컵

만드는 방법

1 닭가슴살과 양파, 셀러리는 1cm 크기의 주사위 모양으로 썰고, 토마토는 2cm 크기로 썬다. 마늘은 저민다.

2 팬에 올리브오일을 두르고 중불에서 마늘과 양파를 볶다가 양파가 물러지면 닭가슴살을 넣어 볶는다.

3 ②에 토마토와 월계수잎을 넣고 물을 부어 푹 끓인다.

4 토마토가 물러지면 셀러리와 완두콩을 넣고 스파게티를 손으로 짧게 끊어 넣는다.

5 10분 정도 끓인 뒤 소금과 후춧가루로 간을 한다. 그릇에 담고 바질을 올려 낸다.

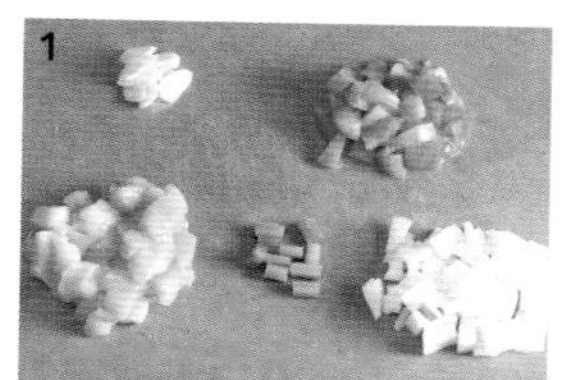
1

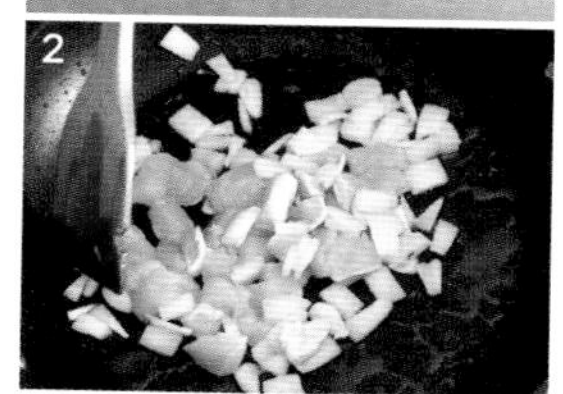
2

4

Tip 냄비에 마늘과 양파를 충분히 오랫동안 볶아야 진한 단맛이 우러나와 더 맛있어요. 가지나 애호박을 잘게 다져 넣으면 좋아요.

닭칼국수

1인분 248 kcal

충청도와 안동에서 주로 해먹던 닭칼국수는 이제 전국에서 즐기는 인기 메뉴가 되었어요. 닭가슴살과 다시마, 멸치, 표고버섯, 생강 등을 넣고 끓인 진한 국물 맛이 일품이에요.

재료(1인분)

칼국수 50g
닭가슴살 100g
애호박 1/5개
당근 1/6개
대파 1/4대
국간장 1/2작은술
소금·후춧가루 조금씩

육수
다시마(5×5cm) 1장
굵은 멸치 2개
마른 표고버섯 1개
마늘 2쪽
생강 1/2톨
물 3컵

만드는 방법

1 냄비에 닭가슴살과 다시마, 굵은 멸치, 마른 표고버섯, 마늘, 생강을 넣고 물을 부어 중불에서 푹 끓인다.

2 애호박과 당근은 채 썰고 대파는 송송 썬다.

3 칼국수를 끓는 물에 약간 덜 익은 듯하게 삶아 물에 헹궈 체에 밭친다.

4 ①의 육수가 우러나면 건더기를 건져낸다. 닭가슴살은 잘게 찢고 다시마와 표고버섯은 채 썰어 육수에 다시 넣는다.

5 ④의 국물에 애호박과 당근, 칼국수를 넣어 한소끔 끓인 뒤 대파를 넣고 국간장, 소금, 후춧가루로 간을 맞춘다.

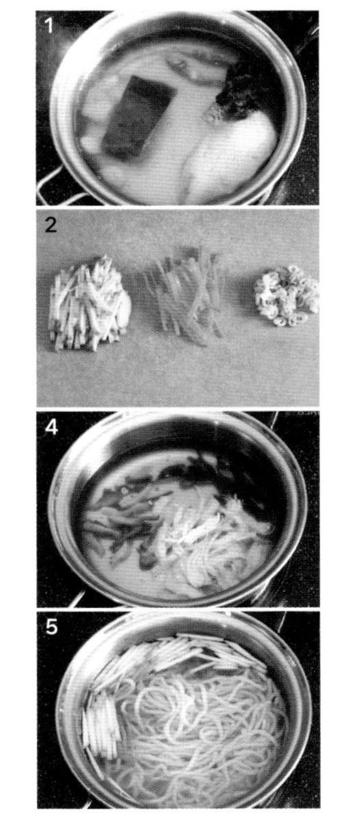

Tip 칼국수를 미리 한 번 삶아서 국물에 넣어야 깔끔하고 개운해요. 처음부터 국물에 넣고 끓이면 국물이 탁해집니다.

닭가슴살 쌀국수

1인분 313 kcal

닭가슴살과 대파, 마늘, 통후추를 넣고 진하게 우려낸 국물에 칵테일새우와 숙주 등을 넣은 쌀국수. 매운 청양고추가 들어가 국물이 담백하면서도 칼칼해요.

재료(1인분)

쌀국수 100g
닭가슴살 100g
칵테일새우 5개
숙주 1줌
청양고추 1개
대파 1/4대

국간장 1작은술
소금 조금
핫소스 조금

육수
대파 1대
마늘 2쪽
통후추 조금
물 4컵

만드는 방법

1 쌀국수를 찬물에 담가 30분 정도 불린다.

2 냄비에 닭가슴살, 대파, 마늘, 통후추를 넣고 물을 부어 팔팔 끓인다. 대파와 마늘은 건져내고 닭가슴살은 건져 먹기 좋게 찢는다.

3 숙주는 씻어 물기를 빼고, 대파와 청양고추는 송송 썬다. 칵테일새우는 끓는 물에 살짝 데친다.

4 ②의 육수에 국간장과 소금으로 간을 한다.

5 불린 쌀국수를 국물에 담갔다가 건져 그릇에 담고 국물을 붓는다.

6 ⑤의 쌀국수에 닭가슴살과 칵테일새우, 채소를 올리고 핫소스를 곁들여 낸다.

Tip 육수를 낼 때 닭가슴살이 잘 우러나게 하려면 약한 불에서 오랫동안 끓여야 해요. 육수 맛도 진하고 육질도 부드러워요.

쟁반국수

1인분 **332** kcal

채소와 메밀국수를 매콤 달콤한 양념장에 비벼 먹는 쟁반국수는 여럿이 둘러앉아 푸짐하게 즐길 수 있는 것이 장점이에요. 담백한 닭가슴살이 잘 어울리는 요리랍니다.

재료(1인분)

메밀국수 20g
닭가슴살 100g
오이 1/4개
당근 1/6개
양배추 잎 1장

닭가슴살 삶는 물
양파 1/4개
대파 1대
마늘 2쪽
생강 20g
물 3컵

양념장
고추장·고춧가루 1/2큰술씩
간장·설탕·식초 1/2큰술씩
다진 마늘 1작은술
참기름·깨소금 1작은술씩

만드는 방법

1 냄비에 닭가슴살 삶는 물 재료를 넣고 15분 정도 끓인 뒤 닭가슴살을 넣어 삶는다.

2 삶은 닭가슴살을 잘게 찢는다.

3 오이, 당근, 양배추를 곱게 채 썬다.

4 메밀국수를 끓는 물에 삶아 찬물에 비벼 헹군 뒤 물기를 뺀다.

5 분량의 양념장 재료를 섞는다.

6 접시에 삶은 메밀국수와 채 썬 채소를 빙 둘러 담고, 양념을 곁들인다.

2

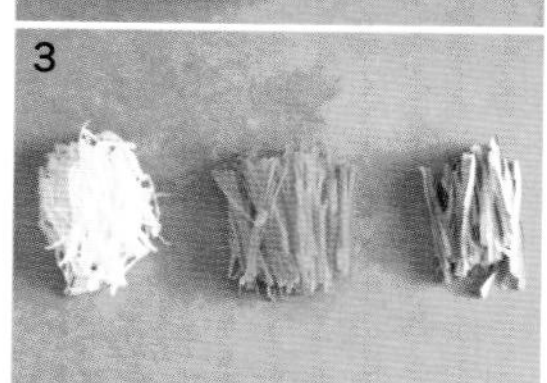
3

5

6

Tip 메밀국수는 생면을 쓰는 게 더 쫄깃하고 맛있어요. 곁들이 채소도 다양하게 준비해보세요. 삶은 달걀과 깻잎, 배 등을 채 썰어 넣어도 잘 어울려요.

닭가슴살 냉국수

1인분 483 kcal

자칫하면 건강을 해치기 쉬운 무더운 여름철에 추천할 만한 메뉴입니다. 겨자소스를 1/2큰술 정도 더해 초계국수처럼 즐겨도 좋아요.

재료(1인분)

소면 90g
닭가슴살 50g
오이 1/4개
무순 10g
방울토마토 1개

잣·통깨 1큰술씩
설탕·식초 1큰술씩
소금·후춧가루 조금씩

육수
굵은 멸치 2개
황태 1/4컵
다시마(5×5cm) 1장
마른 표고버섯 1개
대파 1/2대
물 4컵

만드는 방법

1 냄비에 육수 재료와 닭가슴살을 담고 센 불에서 한소끔 끓인 뒤 불을 약하게 줄여 끓인다. 육수가 우러나면 체에 거른다.

2 ①의 맑은 국물을 푸드 프로세서에 담고 잣과 통깨를 넣어 간 뒤 차게 식힌다.

3 육수에서 건진 닭가슴살을 먹기 좋게 찢어 소금과 후춧가루로 간한다.

4 오이를 송송 썰어 소금을 조금 뿌린 뒤 물기가 배어나오면 꼭 짠다.

5 끓는 물에 소면을 삶아 찬물에 헹구고, ②의 식힌 국물은 설탕, 식초, 소금으로 간을 맞춘다.

6 삶은 국수를 그릇에 담고 ⑤의 국물을 부은 뒤 닭가슴살과 오이, 무순, 방울토마토를 올린다.

2

3

4

5

Tip 우려낸 육수는 차갑게 식힌 다음 면포나 고운체에 밭쳐 걸러야 시원하고 깔끔한 맛을 낼 수 있어요.

Part 4

도시락

지방이 적은 닭가슴살은 식어도 느끼하지 않아 도시락 메뉴로 좋아요. 잡곡밥이나 통밀식빵과 함께 싸면 최고의 건강 도시락이 돼요. 신선한 재료들로 속을 채운 샌드위치, 양념한 닭가슴살을 넣은 주먹밥, 바삭한 만두구이 등 만들기 쉽고 먹기 편한 건강 도시락과 간식을 모았어요.

닭가슴살 김밥

1인분 278 kcal

김밥에 닭가슴살을 양념해서 보슬보슬 볶아 넣으면 맛은 물론 영양 균형까지 맞출 수 있어요. 담백하고 깔끔해서 도시락으로 준비하면 인기랍니다

재료(1인분)

밥 1공기
김 1장
닭가슴살 50g
시금치 20g
당근 1/10개
달걀 1/2개
단무지 1줄
참기름·통깨·소금 조금씩
식용유 1작은술

닭가슴살 양념
간장·청주 1/2큰술씩
생강즙 1/2작은술
소금·후춧가루 조금씩

만드는 방법

1 닭가슴살을 잘게 다져 양념한 뒤 식용유를 두른 팬에 보슬보슬하게 볶는다.

2 시금치는 데쳐서 물기를 짠 뒤 소금과 참기름으로 무친다.

3 당근은 1cm 두께의 막대 모양으로 썰어 식용유를 두른 팬에 소금 간해 볶는다.

4 달걀을 풀어 지단을 부쳐서 2cm 너비로 썬다.

5 김발에 김을 놓고 밥을 평평하게 편 뒤 달걀, 닭가슴살, 시금치, 당근, 단무지를 올려 돌돌 만다.

6 김밥에 참기름을 바른 뒤 먹기 좋게 썰어 접시에 담고 통깨를 뿌린다.

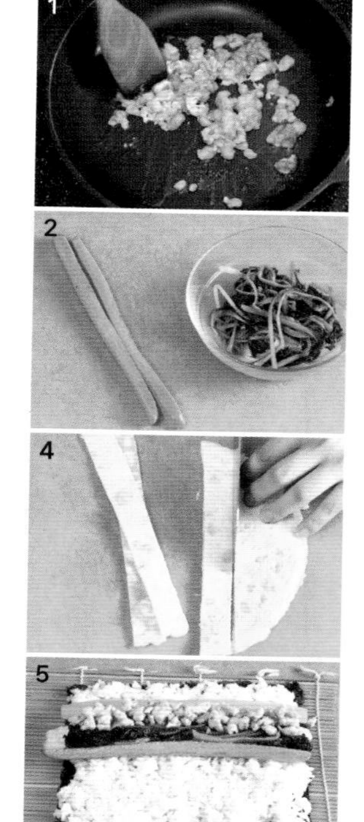

Tip 닭가슴살을 잘게 다져서 볶아 넣는 방법도 좋지만 삶은 닭가슴살을 결대로 찢어서 소금과 참기름으로 조물조물 무쳐 넣어도 맛있어요.

닭가슴살 삼각김밥

1인분 491 kcal

편의점 베스트셀러인 삼각김밥을 집에서 직접 만들어보세요. 닭가슴살과 대파, 아몬드를 고추장 양념으로 버무려 넣으면 고소하면서도 매콤한 맛이 좋아요.

재료(1인분)

밥 1공기
닭가슴살 50g
대파 1/4대
구운 아몬드 1/2큰술
식용유 1작은술

고추장 양념
고추장 1/2큰술
고춧가루 1작은술
물엿 1큰술
청주 1/2큰술
다진 마늘 1/2작은술
참기름 조금

만드는 방법

1 닭가슴살은 1cm 크기로 깍둑썰기 하고, 대파는 송송 썬다. 구운 아몬드는 굵게 다진다.

2 고추장 양념을 만든 뒤 닭가슴살과 대파를 넣어 무친다.

3 팬에 식용유를 조금 두르고 양념한 닭가슴살을 약한 불에서 달달 볶는다.

4 볶은 닭가슴살과 다진 아몬드를 섞는다.

5 밥을 반으로 나눠 각각 ④의 소를 넣고 뭉쳐 삼각 모양을 만든다.

Tip 삼각김밥 틀을 이용하면 쉽게 만들 수 있어요. 틀에 밥을 넣고 소를 얹은 뒤 다시 밥을 올리고 뚜껑을 닫으면 매끈한 삼각김밥이 완성됩니다.

닭가슴살 주먹밥

1인분 **459** kcal

바쁜 아침에는 만들기 쉽고 먹기 편한 주먹밥을 추천합니다. 고슬고슬하게 밥을 지어 맛있게 양념한 닭가슴살을 넣고 뭉치기만 하면 끝! 후다닥 준비할 수 있어요.

재료(1인분)

밥 1공기
닭가슴살 50g
피망 1/8개
쪽파 2뿌리
마늘 1쪽
통깨 조금
식용유 2작은술

조림 양념
간장 1큰술
조청 1½큰술
청주 1/2큰술
생강즙 1/2작은술

만드는 방법

1 닭가슴살과 피망은 1cm 크기로 네모지게 썰고 쪽파는 송송 썬다. 마늘은 저민다.

2 팬에 식용유를 두르고 닭가슴살과 피망, 저민 마늘을 볶다가 조림 양념을 섞어 넣고 약한 불에서 윤기 나게 조린다.

3 조린 닭가슴살에 쪽파와 통깨를 넣어 골고루 섞는다.

4 밥을 반으로 나눠 각각 ③의 소를 넣고 뭉쳐 동그랗게 빚는다.

5 동그랗게 빚은 주먹밥을 랩으로 먹기 좋게 싸거나 도시락에 담는다.

1

2

3

4

Tip 손바닥에 밥을 반만 펼치고 그 안에 소를 올린 다음 나머지 밥으로 덮어 양손으로 꾹꾹 눌러가며 둥글게 모양을 잡으면 만들기가 쉬워요.

닭가슴살 견과볶음 도시락

1인분 543 kcal

견과와 닭가슴살을 함께 볶아 넣은 영양 도시락. 호두, 땅콩, 캐슈너트, 아몬드 등 다양한 견과를 넣어 고소한 맛은 물론 아작아작 씹히는 재미까지 있어요.

재료(1인분)

밥 1/2공기
닭가슴살 100g
견과 30g
(호두·땅콩·캐슈너트·아몬드)
간장·조청 1½큰술씩
청주 1큰술
생강즙 1작은술
포도씨오일 1큰술
식용유 적당량

만드는 방법

1 팬에 식용유를 두르고 닭가슴살을 살짝 구운 뒤 1cm 크기의 주사위 모양으로 썬다.

2 호두, 땅콩, 캐슈너트, 아몬드를 마른 팬에 볶는다.

3 ②에 구운 닭가슴살을 넣고 포도씨오일을 넣어 바삭바삭하게 볶는다.

4 ③에 간장 청주, 생강즙을 차례로 넣어 양념한 뒤 조청을 넣고 윤기 나게 볶는다.

5 닭가슴살 견과볶음을 밥과 함께 도시락에 담는다.

Tip 견과류는 지방이 많아 공기 중에 두면 맛과 색이 변해요. 공기가 통하지 않게 단단히 밀봉해 냉동실에 두세요.

닭가슴살 소시지볶음 도시락

1인분 **431** kcal

아이들이 좋아하는 최고의 도시락 반찬은 역시 소시지죠? 닭가슴살 소시지로 도시락을 만들어보세요. 채소와 함께 굴소스로 양념해 볶으면 맛도 좋고 건강에도 좋아요.

재료(1인분)

밥 1공기
닭가슴살 소시지 2개
당근 1/5개
양파 1/2개
풋고추 2개
굴소스 1큰술
소금·후춧가루 조금씩
식용유 2작은술

만드는 방법

1 소시지는 먹기 좋게 어슷하게 썰고 당근, 양파, 풋고추는 1cm 크기로 네모지게 썬다.

2 달군 팬에 식용유를 두르고 당근, 양파를 넣어 볶는다.

3 양파가 투명해지면 소시지와 고추를 넣어 볶는다.

4 굴소스, 소금, 후춧가루로 간을 한다.

5 소시지볶음을 밥과 함께 도시락에 담는다.

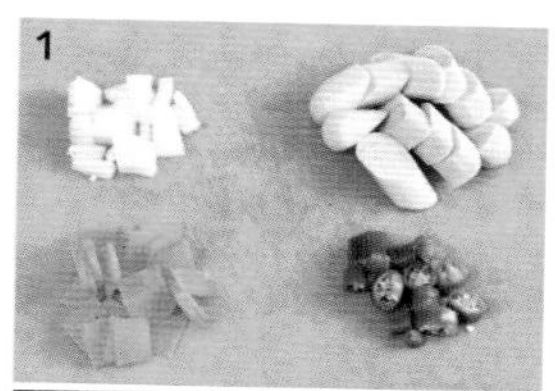

Tip 한입에 쏙쏙 먹기 좋은 닭가슴살 비엔나소시지를 이용해도 좋아요. 소시지를 끓는 물에 살짝 데쳐서 볶으면 좀 더 담백한 맛을 낼 수 있답니다.

닭가슴살 된장조림 도시락

1인분 **374** kcal

닭가슴살에 감자, 피망 등을 푸짐하게 넣어 된장 소스로 양념한 색다른 요리예요. 구수한 된장에 청주와 마늘, 고춧가루를 섞어 양념해 깔끔하면서도 깊은 맛이 나요.

재료(1인분)

밥 1/2공기
닭가슴살 100g
감자 1/2개
양파 1/4개
피망 1/4개
다시마(5×5cm) 1장
굵은 멸치 3개
물 1컵

된장 소스
된장 1큰술
고춧가루 1/2작은술
청주 1큰술
다진 마늘 1/2작은술

만드는 방법

1 닭가슴살을 한입 크기보다 조금 작게 썬다.

2 감자와 양파, 피망을 닭가슴살과 비슷한 크기로 썬다.

3 분량의 된장 소스 재료를 섞는다.

4 냄비에 닭가슴살과 채소, 다시마, 굵은 멸치를 넣고 물을 부어 끓이다가 된장 소스를 넣어 약한 불에서 조린다.

5 닭가슴살 된장조림을 밥과 함께 도시락에 담는다.

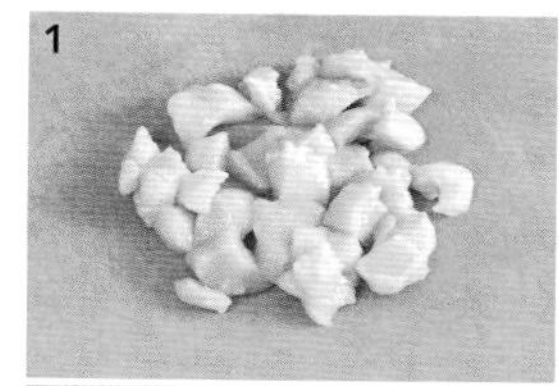

Tip 도시락에 담을 때 호박잎이나 상추 등을 함께 담아 쌈을 싸서 먹어도 좋아요.

닭가슴살 만두구이

1인분 **522** kcal

부추, 두부, 김치 등을 다져서 닭가슴살과 버무려 만두를 빚었어요. 신김치를 넣어 아작아작 씹히는 맛이 참 좋아요. 찜통에 찌면 칼로리를 낮출 수 있어요.

재료(1인분)

만두피 8장
닭가슴살 100g
두부 120g
신김치 50g
부추 30g
식용유 1/2큰술
물 1/2컵

밀가루풀 1큰술
밀가루 1/2큰술
물 1큰술

닭가슴살 밑간
간장·청주 1작은술씩
소금·후춧가루 조금씩

만드는 방법

1 닭가슴살을 잘게 다져 간장, 청주, 소금, 후춧가루로 버무려둔다.

2 두부는 칼등으로 으깨고 부추는 송송 썬다. 신김치는 물에 한 번 씻은 뒤 송송 썰어 물기를 짠다.

3 닭가슴살과 두부, 부추, 김치를 모두 섞은 다음 만두피에 한 숟가락씩 올려 만두를 빚는다. 가장자리에 밀가루풀을 바르면 잘 붙는다.

4 팬에 식용유를 두르고 만두를 올려 앞뒤로 노릇하게 구운 뒤 물을 붓고 뚜껑을 덮어 약한 불에서 물기가 없어질 때까지 바삭하게 굽는다.

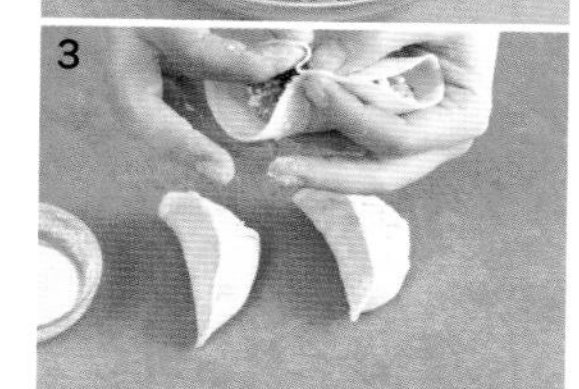

Tip 만두소를 만들 때 재료들을 익히지 않고 쓰기 때문에 약한 불에서 노릇해질 때까지 구워야 해요. 마지막에 물을 조금 부어 뚜껑을 닫아두면 속까지 잘 익는답니다.

닭가슴살 메밀전병

1인분 135 kcal

메밀가루를 반죽해 빈대떡처럼 지진 다음 닭가슴살과 김치, 두부, 숙주를 다져 넣고 돌돌 말아 구웠어요. 쫄깃한 전 속에 아삭한 숙주와 신김치가 어우러져 감칠맛이 가득해요.

재료(1인분)

닭가슴살 100g
신김치 100g
숙주 100g
두부 1/4모
당면 30g

간장·청주 1/2큰술씩
참기름 조금
소금·후춧가루 조금씩
식용유 1/2큰술

메밀 반죽
메밀가루 100g
물 2/3컵

만드는 방법

1 닭가슴살을 잘게 다져 식용유를 두른 팬에 볶다가 간장과 청주, 소금, 후춧가루로 간한다.

2 신김치는 물에 한 번 씻은 뒤 송송 썰어 물기를 꼭 짜고, 숙주도 데쳐서 물기를 짠다. 두부는 으깨고 당면은 삶아서 4~5cm 길이로 썬다.

3 준비한 소 재료를 한데 섞고 소금과 후춧가루로 간을 한 뒤 참기름을 넣어 향을 낸다.

4 메밀반죽 재료를 거품기로 잘 섞어 식용유를 두른 팬에 한 국자 떠서 넓게 편다.

5 메밀전이 익으면 닭가슴살과 ③의 소를 한 줄로 길게 올리고 돌돌 말아 주걱으로 누르면서 익힌다.

1

3

4

5

Tip 메밀반죽은 물을 한꺼번에 넣지 말고 서너 번 나누어 넣어가며 농도를 조절하세요. 국자로 반죽을 떠서 떨어뜨렸을 때 묵직하지 않고 또르르 흘러내리는 정도가 알맞아요.

닭가슴살 바게트피자

1인분 393 kcal

고소한 바게트 위에 닭가슴살과 갖은 재료를 올리고 피자치즈를 뿌려 구운 간단한 피자랍니다. 바게트 속을 파내야 재료들을 떨어뜨리지 않고 잘 올릴 수 있어요.

재료(1인분)

바게트 1/4개
닭가슴살 50g
양파 1/4개
양송이버섯 1개
미니 파프리카 1개
방울토마토 2개
통조림 옥수수 1/2큰술
토마토 소스 1큰술
피자치즈 2큰술
소금·후춧가루 조금씩
올리브오일 1작은술

만드는 방법

1 닭가슴살과 양파, 양송이버섯은 잘게 썰고 미니 파프리카는 송송 썬다. 방울토마토는 반 가른다.

2 팬에 올리브오일을 두르고 닭가슴살과 양파, 양송이버섯을 볶아 소금과 후춧가루로 간한다.

3 바게트를 평평하게 자르고 숟가락으로 속을 파낸다.

4 속을 파낸 바게트에 토마토 소스를 바른다.

5 ④에 볶은 속재료와 미니 파프리카, 방울토마토, 옥수수, 피자치즈를 올린다.

6 ⑤의 바게트를 190℃의 오븐에 넣어 5분 정도 노릇노릇하게 굽는다.

2

3

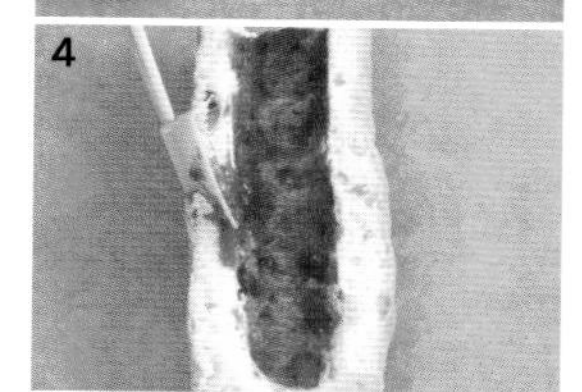
4

5

Tip 바게트는 길이를 반 자른 다음 다시 길게 반 갈라 사용하세요. 토핑을 모두 익혀서 올리기 때문에 오래 구울 필요 없이 치즈가 녹고 색이 돌면 바로 꺼내세요.

CLT 샌드위치

1인분 **375** kcal

닭고기(chicken)와 양상추(lettuce), 토마토(tomato)의 첫 글자를 따서 이름 붙인 샌드위치예요. 닭가슴살로 만든 베이컨을 사용하니 짜지 않고 담백해서 좋아요.

재료(1인분)

식빵 2장
닭가슴살 베이컨 2장
슬라이스 치즈 1장
양상추 1장
토마토 1/2개
마요네즈 1/2큰술
머스터드 소스 1/2큰술
버터 2작은술
소금·후춧가루 조금씩

만드는 방법

1 닭가슴살 베이컨을 팬에 노릇하게 굽는다.

2 양상추는 깨끗이 씻어 물기를 털고, 토마토는 슬라이스 한다.

3 식빵을 토스터로 살짝 굽는다.

4 식빵 한쪽 면에 버터를 바르고 치즈와 구운 닭가슴살 베이컨을 올린 뒤 마요네즈를 뿌린다.

5 ④에 양상추와 토마토를 올리고 머스터드 소스를 바른 식빵으로 덮는다.

2

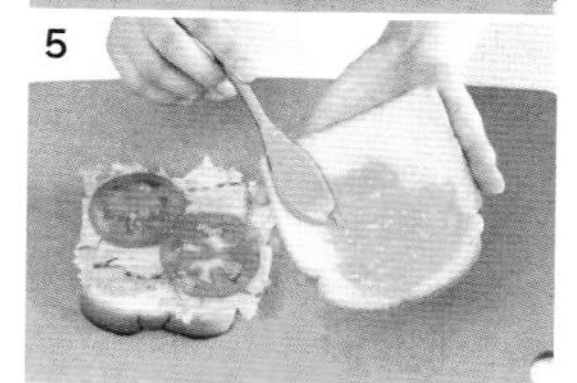

Tip 샌드위치는 속재료를 넣고 바로 썰면 모양이 흐트러지기 쉬워요. 평평하고 묵직한 것으로 잠시 눌러두었다가 썰면 예쁘게 썰려요.

허브 로스트치킨 통밀 샌드위치

1인분 **460** kcal

다양한 허브가루를 입혀 오븐에서 구운 닭가슴살을 넣어 만든 샌드위치. 로스트치킨과 신선한 토마토, 로메인, 치즈 등이 어우러져 한 끼 식사로 든든해요.

재료(1인분)

통밀식빵 슬라이스 2장
로메인 3장
토마토 1/2개
슬라이스 치즈 1장

허브 로스트치킨
닭가슴살 100g
화이트와인 1큰술
허브 시즈닝 2큰술

소스
마요네즈 1/2큰술
올리브오일 1/2큰술
다진 안초비 1작은술
레몬즙 1작은술
소금·후춧가루 조금씩

만드는 방법

1 닭가슴살에 화이트와인을 뿌리고 허브 시즈닝을 입혀 하룻밤 재었다가 170℃의 오븐에 30분 정도 굽는다.

2 허브 로스트치킨을 얇게 저며 썬다.

3 분량의 소스 재료를 섞는다.

4 토마토를 1cm 두께로 동그랗게 썬다.

5 통밀식빵 한쪽 면에 소스를 바르고 로메인, 토마토, 슬라이스 치즈, 허브 로스트치킨을 올린 뒤 다른 식빵으로 덮는다.

1

2
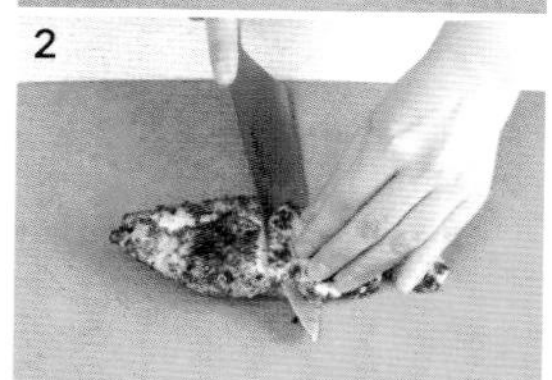

4
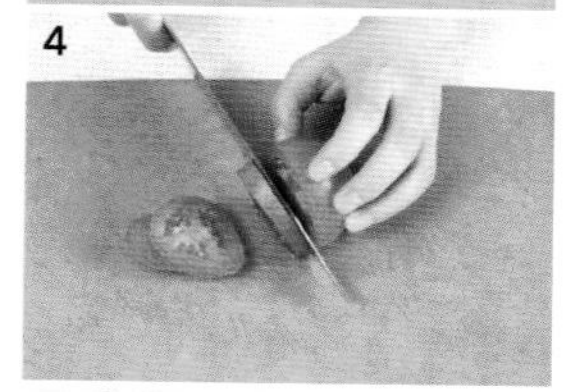

5

Tip 샌드위치를 만들 때는 꼭 버터나 마요네즈, 소스 등을 펴 바르세요. 고기나 채소 등 속에 넣는 재료에서 나오는 물기가 빵에 스며들어 질척해지는 것을 막아줍니다.

닭가슴살 롤샌드위치

1인분 **415** kcal

식빵에 닭가슴으로 만든 베이컨과 치즈, 양상추, 토마토를 넣고 돌돌 말아 먹는 롤샌드위치.
작고 깜찍한 모양이라 먹기도 편하고 맛도 좋아요.

재료(1인분)

식빵 2장
닭가슴살 베이컨 2장
슬라이스 치즈 2장
양상추 2장
토마토 1/2개
오이피클 2개

소스
머스터드 소스 1/2큰술
마요네즈 1/2큰술
꿀 1작은술

만드는 방법

1 닭가슴살 베이컨을 팬에 살짝 구워 기름을 뺀다. 토마토는 슬라이스하고 오이피클은 잘게 다진다.

2 머스터드 소스와 마요네즈, 꿀을 섞는다.

3 빵을 밀대로 납작하게 민다.

4 납작하게 민 식빵 위에 양상추, 닭가슴살 베이컨, 치즈, 토마토, 다진 피클을 올리고 소스를 뿌려 돌돌 만다.

5 ④의 롤샌드위치를 랩으로 싸서 20분 정도 두었다가 먹기 좋게 썬다.

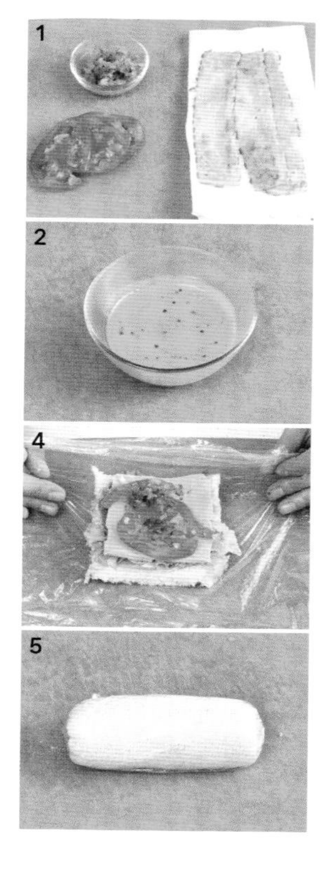

Tip 식빵을 밀대로 살짝 밀면 롤을 말았을 때 잘 풀어지지 않아요. 이때 너무 세게 밀면 빵이 납작해져 볼품이 없어지니 주의하세요.

닭가슴살 모닝빵 샌드위치

1인분 427 kcal

닭가슴살과 양상추, 토마토를 부드러운 모닝빵 사이에 넣어 만들어 도시락은 물론 간식으로 먹기도 좋아요. 담백한 닭가슴살과 달콤한 허니 머스터드 소스가 잘 어울려요.

재료(1인분)

모닝빵 2개
닭가슴살 100g
양상추 2장
토마토 슬라이스 2쪽
허니 머스터드 소스 1큰술
화이트와인 1큰술
식용유 1작은술

닭가슴살 밑간
소금·후춧가루 조금씩

만드는 방법

1 닭가슴살을 얇게 저며 소금과 후춧가루로 밑간한다.

2 토마토는 0.7cm 두께로 슬라이스하고 양상추는 먹기 좋은 크기로 뜯는다.

3 팬에 식용유를 두르고 닭가슴살을 굽다가 화이트와인을 끼얹고 노릇해질 때까지 굽는다.

4 모닝빵을 옆으로 반 갈라 안쪽 면에 허니 머스터드 소스를 바른다.

5 모닝빵에 양상추와 토마토, 구운 닭가슴살을 올리고 모닝빵으로 덮는다.

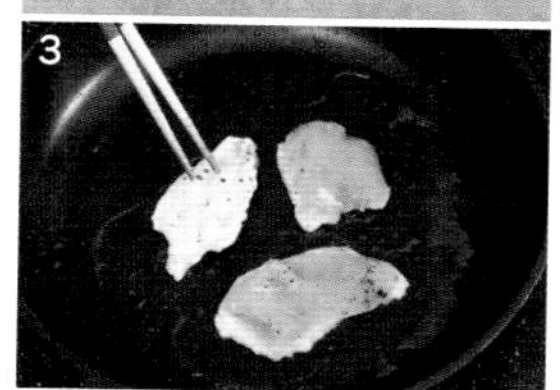

Tip 양상추는 미리 얼음물에 5분 정도 담갔다 건져서 체에 밭쳐 냉장고에 넣어두세요. 차게 준비해 넣으면 더 신선한 맛을 낼 수 있어요.

닭가슴살 햄버거

1인분 **511**kcal

두툼하게 빚어 간장과 물엿으로 조린 닭가슴살 패티로 햄버거를 만들었어요. 패스트푸드점 햄버거와 비교할 수 없는 맛과 영양을 느껴보세요.

재료(1인분)

햄버거빵 1개
양상추 1장
토마토 슬라이스 1쪽
양파 슬라이스 1쪽
오이피클 2개

마요네즈 1/2큰술
간장·물엿·물 1큰술씩
식용유 1작은술

패티
닭가슴살 50g
두부 100g
마른 표고버섯 2개
다진 양파 2큰술
화이트와인 1큰술
바질·소금·후춧가루 조금씩

만드는 방법

1 패티 재료를 모두 푸드 프로세서에 담아 곱게 간 뒤 둥글납작하게 빚는다.

2 팬에 식용유를 두르고 패티를 올려 앞뒤로 굽는다.

3 간장과 물엿, 물을 섞어 ②의 패티에 끼얹고 약한 불에서 윤기 나게 조린다.

4 햄버거빵을 반으로 갈라 아래 면에 마요네즈를 바른다.

5 마요네즈를 바른 빵에 양상추, 양파, 오이피클, 토마토, 패티, 양상추의 순으로 올리고 햄버거빵으로 덮는다.

Tip 패티에 두부를 넣으면 퍽퍽함을 줄일 수 있어요. 넉넉히 만들어서 1인분씩 포장해 냉동실에 보관해두면 사용하기 편해요.

닭가슴살 토르티야 롤

1인분 **362** kcal

돌돌 말린 토르티야 속에서 환상의 짝꿍인 닭가슴살과 허니 머스터드 소스가 만났어요.
상큼한 토마토와 양파를 넣어 담백하면서도 신선한 맛이 일품이에요.

재료(1인분)

토르티야 1장
닭가슴살 100g
토마토 1/2개
양파 1/4개
오이피클 3개
피자치즈 2큰술
상추·치커리 적당량

스위트 칠리 소스 1작은술
허니 머스터드 소스 1작은술
레몬즙 조금
소금·후춧가루 조금씩

닭가슴살 밑간
화이트와인 1큰술
다진 마늘 1/2작은술
소금·후춧가루 조금씩

만드는 방법

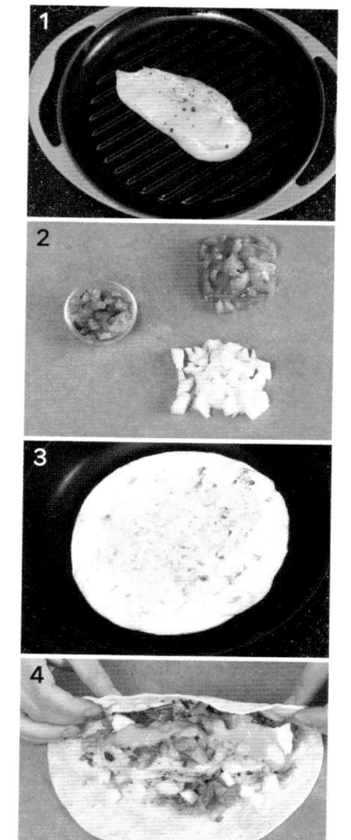

1 닭가슴살을 밑간해 10분 정도 잰 뒤 팬이나 그릴에 노릇하게 구워 먹기 좋게 저며 썬다.

2 토마토와 양파는 1cm 크기로 네모지게 썰고 오이피클은 다진다. 모두 섞어 소금과 후춧가루, 레몬즙으로 간한다.

3 토르티야를 마른 팬에 올려 따뜻하게 데운 뒤 스위트 칠리 소스를 바르고 피자치즈와 구운 닭가슴살을 얹는다.

4 피자치즈가 녹아내리면 도마 위로 옮긴 뒤 ②의 속재료와 상추, 치커리를 올리고 허니 머스터드 소스를 끼얹어 돌돌 말아 먹기 좋게 썬다.

Tip 토르티야는 기름 없이 구워서 담백하고 칼로리도 적어요. 토르티야를 너무 오래 데우면 말라서 갈라질 수 있으니 주의하세요.

닭가슴살 크로크무슈

1인분 540 kcal

빵 속에서 사르르 녹아내리는 고소한 치즈가 매력인 프랑스식 샌드위치예요. 바삭하게 구운 빵과 닭가슴살, 햄, 파프리카, 치즈가 어우러져 특별한 맛이 나요.

재료(1인분)

식빵 2장
닭가슴살 100g
슬라이스 햄 1장
슬라이스 치즈 2장
파프리카 1/4개
마요네즈 1큰술
식용유 1작은술

닭가슴살 밑간
화이트와인 1큰술
소금·후춧가루 조금씩

만드는 방법

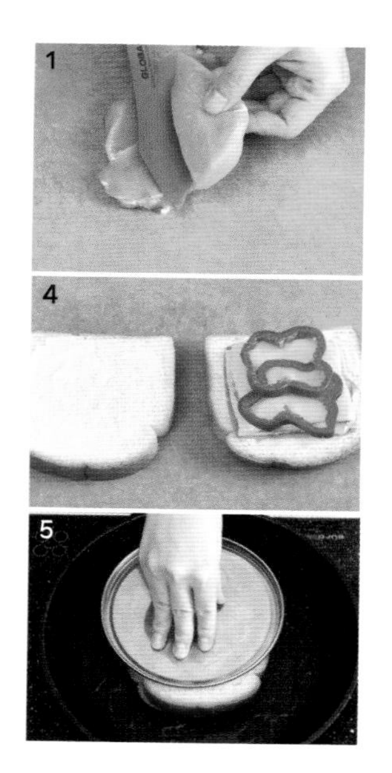

1 닭가슴살을 반으로 포를 떠서 밑간한다.

2 팬에 식용유를 두르고 닭가슴살을 올려 노릇하게 굽는다.

3 파프리카를 가늘게 썬다.

4 식빵 한쪽에 마요네즈를 바르고 햄, 치즈, 구운 닭가슴살, 치즈, 파프리카의 순으로 올린 뒤 다른 식빵으로 덮는다.

5 팬에 식용유를 두르고 ②의 샌드위치를 올린 뒤 평평한 접시 등으로 지그시 누르면서 앞뒤로 노릇하게 굽는다.

6 구운 샌드위치를 칼로 반 잘라 접시에 담는다.

Tip 크로크무슈에 들어가는 재료들은 모두 얇게 슬라이스해 평평하게 펼쳐 담으세요. 눌러서 구울 때 빵 사이가 벌어지지 않고 잘 구워져요.

닭가슴살 핫도그

1인분 310 kcal

핫도그빵에 닭가슴살 소시지를 넣어 만든 샌드위치예요. 토마토케첩과 머스터드 소스를 지그재그로 뿌려내니 보기만 해도 군침이 도는 뉴욕 스타일 핫도그가 탄생됐어요.

재료(1인분)

핫도그빵 1개
닭가슴살 소시지 1개
슬라이스 치즈 1장
양파 1/4개
오이피클 · 고추피클 조금씩
토마토케첩 적당량
머스터드 소스 적당량
식용유 1/2작은술

만드는 방법

1 팬에 식용유를 두르고 닭가슴살 소시지를 살짝 굽는다.

2 양파를 잘게 다진다.

3 핫도그빵을 전자레인지에서 살짝 데워 펼친다.

4 펼친 빵 위에 슬라이스 치즈를 반 잘라 길게 올린 뒤 양파, 오이피클, 고추피클을 올린다.

5 ④에 닭가슴살 소시지를 올리고 빵을 덮은 뒤 토마토케첩과 머스터드 소스를 뿌린다.

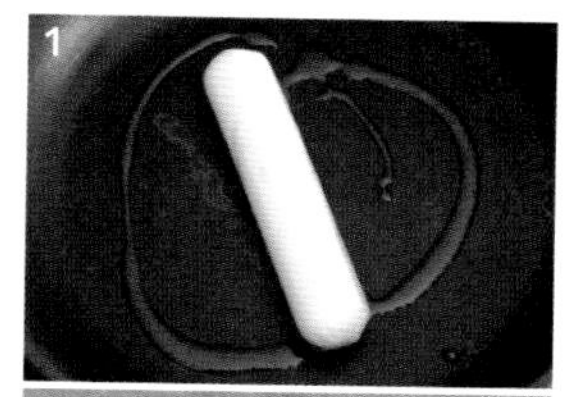

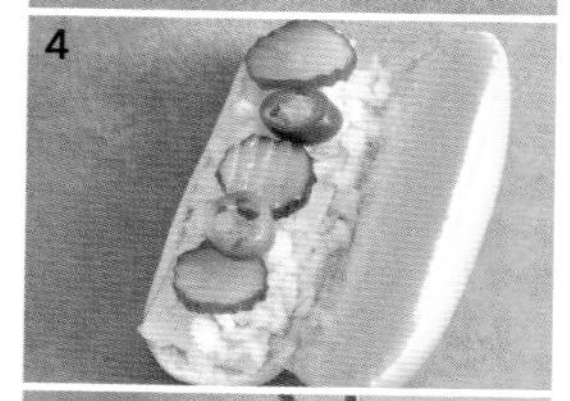

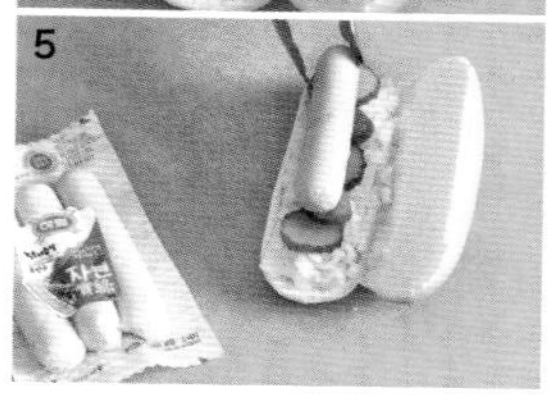

Tip 머스터드 소스는 소시지의 냄새를 없애고 느끼함을 덜어줘요. 머스터드 소스에 고춧가루를 조금 넣어 매콤한 맛을 더해도 좋아요.

Index

• **칼로리순**

리스컴이 펴낸 책들

• 요리

한 그릇에 영양을 담다 (영문, 한글판)

세계인이 사랑하는 K-푸드 비빔밥

2023년 세계인이 가장 많이 검색한 레시피 1위, 비빔밥. 이 책은 세계인의 입맛을 사로잡은 33가지의 다양한 비빔밥을 영문과 한글로 함께 설명한다. 비빔밥 기초이론과 레시피는 물론, K-푸드를 사랑하는 외국 독자들을 위해 한식 용어 사전을 함께 수록했다.

전지영 지음 | 168쪽 | 150×205mm |16,800원

하루 한 그릇 면역 습관

암도 이기는 장수 수프

1천 명의 암 환자를 치료한 명의가 다년간의 연구를 바탕으로 만든 항암 식사 가이드로, 항암 식품 10가지와 이를 활용한 100개의 수프 레시피와 비법을 담았다. 암 예방은 물론, 질병 예방과 건강한 장수까지 지킬 수 있는 최고의 선택이 될 것이다.

사토 노리히로 지음 |168쪽 | 150×205mm | 18,000원

대한민국 대표 요리선생님에게 배우는 요리 기본기

한복선의 요리 백과 338

칼 다루기부터 썰기, 계량하기, 재료를 손질·보관하는 요령까지 요리의 기본을 확실히 잡아주고 국·찌개·구이·조림·나물 등 다양한 조리법으로 맛 내는 비법을 알려준다. 매일 반찬 부터 별식까지 웬만한 요리는 다 들어있어 맛있는 집밥을 즐길 수 있다.

한복선 지음 | 352쪽 | 188×254mm | 22,000원

만약에 달걀이 없었더라면 무엇으로 식탁을 차릴까

오늘도 달걀

값싸고 영양 많은 완전식품 달걀을 더 맛있게 즐길 수 있는 달걀 요리 레시피북. 가벼운 한 끼부터 든든한 별식, 밥반찬, 간식과 디저트, 음료까지 맛있는 달걀 요리 63가지를 담았다. 레시피가 간단하고 기본 조리법과 소스 등도 알려줘 누구나 쉽게 만들 수 있다.

손성희 지음 | 136쪽 | 188×245mm | 14,000원

그대로 따라 하면 엄마가 해주시던 바로 그 맛

한복선의 엄마의 밥상

일상 반찬, 찌개와 국, 별미 요리, 한 그릇 요리, 김치 등 웬만한 요리 레시피는 다 들어있어 기본 요리 실력 다지기부터 매일 밥상 차리기까지 이 책 한 권이면 충분하다. 누구나 그대로 따라 하기만 하면 엄마가 해주시던 바로 그 맛을 낼 수 있다.

한복선 지음 | 312쪽 | 188×245mm | 16,800원

술자리를 빛내주는 센스 만점 레시피

술에는 안주

술맛과 분위기를 최고로 끌어주는 64가지 안주를 술자리 상황별로 소개했다. 누구나 좋아하는 인기 술안주, 부담 없이 즐기기에 좋은 가벼운 안주, 식사를 겸할 수 있는 든든한 안주, 홈파티 분위기를 살려주는 폼나는 안주, 굽기만 하면 되는 초간단 안주 등 5개 파트로 나누었다.

장연정 지음 | 152쪽 | 151×205mm | 13,000원

맛있는 밥을 간편하게 즐기고 싶다면

뚝딱 한 그릇, 밥

덮밥, 볶음밥, 비빔밥, 솥밥 등 별다른 반찬 없이도 맛있게 먹을 수 있는 한 그릇 밥 76가지를 소개한다. 한식부터 외국 음식까지 메뉴가 풍성해 혼밥과 별식, 도시락으로 다양하게 즐길 수 있다. 레시피가 쉽고, 밥 짓기 등 기본 조리법과 알찬 정보도 가득하다.

장연정 지음 | 200쪽 | 188×245mm | 16,800원

더 오래, 더 맛있게 홈메이드 저장식 60

피클 장아찌 병조림

맛있고 건강한 홈메이드 저장식을 알려주는 레시피북. 기본 피클, 장아찌부터 아보카도장이나 낙지장 등 요즘 인기 있는 레시피까지 모두 수록했다. 제철 재료 캘린더, 조리 팁까지 꼼꼼하게 알려줘 요리 초보자도 실패 없이 맛있는 저장식을 만들 수 있다.

손성희 지음 | 176쪽 | 188×235mm | 18,000원

입맛 없을 때 간단하고 맛있는 한 끼

뚝딱 한 그릇, 국수

비빔국수, 국물국수, 볶음국수 등 입맛 살리는 국수 63가지를 담았다. 김치비빔국수, 칼국수 등 누구나 좋아하는 우리 국수부터 파스타, 미고렝 등 색다른 외국 국수까지 메뉴가 다양하다. 국수 삶기, 국물 내기 등 기본 조리법과 함께 먹으면 맛있는 밑반찬도 알려준다.

한복선 지음 | 176쪽 | 188×245mm | 16,000원

건강을 담은 한 그릇

맛있다, 죽

맛있고 먹기 좋은 죽을 아침 죽, 영양죽, 다이어트 죽, 보양죽으로 나눠 소개한다. 만들기 쉬울 뿐 아니라 종류가 다양하고 재료의 영양과 효능까지 알려줘 건강 관리에 도움이 된다. 스트레스에 시달리는 현대인의 식사로, 건강식으로 준비하면 좋다.

한복선 지음 | 176쪽 | 188×245mm | 16,000원

기초부터 응용까지 베이킹의 모든 것

브레드 마스터 클래스

국내 최고 발효 빵 전문가이자 20년 동안 베이커의 길을 걸어온 저자의 모든 베이킹 노하우를 한 권에 담았다. 베이킹 이론과 레시피를 단계적이고 체계적으로 알려주는 원앤온리 클래스로, 건강 빵부터 인기 빵까지 40개의 레시피가 수록되어 있다.

고상진 지음 | 256쪽 | 188×245mm | 22,000원

커피, 달걀, 우유 없이도 이렇게 맛있다고?

비건 디저트

비건을 추구하는 사람, 우유 알레르기가 있는 사람, 건강 때문에 달콤한 디저트를 포기했던 사람까지 안전하게 즐길 수있는 디저트 레시피. 재료만 섞어서 금방 만드는 머핀과 쿠키, 오븐에 굽지 않아도 되는 오트밀 그래놀라 바, 브라우니까지 알차고 다양하게 구성했다.

시라이 유키 지음 | 144쪽 | 188×230mm | 18,000원

천연 효모가 살아있는 건강빵

천연발효빵

맛있고 몸에 좋은 천연발효빵을 소개한 책. 홈 베이킹을 넘어 건강한 빵을 찾는 웰빙족을 위해 과일, 채소, 곡물 등으로 만드는 천연발효종 20가지와 천연발효종으로 굽는 건강빵 레시피 62가지를 담았다. 천연발효빵 만드는 과정이 한눈에 들어오도록 구성되었다.

고상진 지음 | 328쪽 | 188×245mm | 19,800원

볼 하나로 간단히, 치대지 않고 쉽게

무반죽 원 볼 베이킹

누구나 쉽게 맛있고 건강한 빵을 만들 수 있도록 돕는 책. 61가지 무반죽 레시피와 전문가의 Tip을 담았다. 이제 힘든 반죽 과정 없이 볼과 주걱만 있어도 집에서 간편하게 빵을 구울 수 있다. 초보자에게도, 바쁜 사람에게도 안성맞춤이다.

고상진 지음 | 248쪽 | 188×245mm | 20,000원

정말 쉽고 맛있는 베이킹 레시피 54

나의 첫 베이킹 수업

기본 빵부터 쿠키, 케이크까지 초보자를 위한 베이킹 레시피 54가지. 바삭한 쿠키와 담백한 스콘, 다양한 머핀과 파운드케이크, 폼나는 케이크와 타르트, 누구나 좋아하는 인기 빵까지 모두 담겨 있다. 베이킹을 처음 시작하는 사람에게 안성맞춤이다.

고상진 지음 | 216쪽 | 188×245mm | 16,800원

• 취미 | 인테리어

우리 집을 넓고 예쁘게

공간 디자인의 기술

집 안을 예쁘고 효율적으로 꾸미는 방법을 인테리어의 핵심인 배치, 수납, 장식으로 나눠 알려준다. 포인트를 콕콕 짚어주고 알기 쉬운 그림을 곁들여 한눈에 이해할 수 있다. 결혼이나 이사를 하는 사람을 위해 집 구하기와 가구 고르기에 대한 정보도 자세히 담았다.

가와카미 유키 지음 | 240쪽 | 170×220mm | 16,800원

인플루언서 19인의 집 꾸미기 노하우

셀프 인테리어 아이디어57

베란다와 주방 꾸미기, 공간 활용, 플랜테리어 등 남다른 감각의 셀프 인테리어를 보여주는 19인의 집을 소개한다. 집 안 곳곳에 반짝이는 아이디어가 담겨있고 방법이 쉬워 누구나 직접 할 수 있다. 집을 예쁘고 편하게 꾸미고 싶다면 그들의 노하우를 배워보자.

리스컴 편집부 엮음 | 168쪽 | 188×245mm | 16,000원

119가지 실내식물 가이드

실내식물 죽이지 않고 잘 키우는 방법

반려식물로 삼기 적합한 119가지 실내식물의 특징과 환경, 적절한 관리 방법을 알려주는 가이드북. 식물에 대한 정보를 위치, 빛, 물과 영양, 돌보기로 나누어 보다 자세하게 설명한다. 식물을 키우며 겪을 수 있는 여러 문제에 대한 해결책도 제시한다.

베로니카 피어리스 지음 | 144쪽 | 150×195mm | 16,000원

내 집은 내가 고친다

집수리 닥터 강쌤의 셀프 집수리

집 안 곳곳에서 생기는 문제들을 출장 수리 없이 내 손으로 고칠 수 있게 도와주는 책. 집수리 전문가이자 인기 유튜버인 저자가 25년 경력을 통해 얻은 노하우를 알려준다. 전 과정을 사진과 함께 자세히 설명하고, QR코드를 수록해 동영상도 볼 수 있다.

강태운 지음 | 272쪽 | 190×260mm | 22,000원

화분에 쉽게 키우는 28가지 인기 채소

우리 집 미니 채소밭

화분 둘 곳만 있다면 집에서 간단히 채소를 키울 수 있다. 이 책은 화분 재배 방법을 기초부터 꼼꼼하게 가르쳐준다. 화분 준비부터 키우는 방법, 병충해 대책까지 쉽고 자세하게 설명하고, 수확량을 늘리는 비결에 대해서도 친절하게 알려준다.

후지타 사토시 지음 | 96쪽 | 188×245mm | 13,000원

다이어터를 위한 고단백 저지방 레시피

매일 새로운 닭가슴살 요리

요리 | 이양지
어시스트 | 이형정 이민송

사진 | 최해성
어시스트 | 강태희

스타일링 | 우현주
어시스트 | 한지우
그릇협찬 | 컨츄리앤하우스

편집 | 김소연 이희진
디자인 | 한송이
마케팅 | 황기철 김수주
영업관리 | 김은진

인쇄 | 금강인쇄

초판 인쇄 | 2025년 5월 15일
초판 발행 | 2025년 5월 22일

펴낸이 | 이진희
펴낸 곳 | (주)리스컴

주소 | 서울시 강남구 테헤란로87길 22, 7층(삼성동, 한국도심공항)
전화번호 | 대표번호 02-540-5192
편집부 02-544-5194
FAX | 0504-479-4222
등록번호 | 제2-3348

ISBN 979-11-5616-789-1 13590
책값은 뒤표지에 있습니다.